资深形象专家17年独家指导心得

张旭华 编著

中国轻工业出版社

图书在版编目（CIP）数据

型商：资深形象专家17年独家指导心得 / 张旭华编著. —北京：中国轻工业出版社，2016.10

ISBN 978-7-5184-0954-9

Ⅰ. ① 型… Ⅱ. ① 张… Ⅲ. ① 服饰美学 – 通俗读物 Ⅳ. ① TS941.11-49

中国版本图书馆CIP数据核字（2016）第110178号

策划编辑：杨晓洁　　责任终审：张乃柬　　封面设计：锋尚设计
版式设计：锋尚设计　　责任校对：燕　杰　　责任监印：马金路

出版发行：中国轻工业出版社（北京东长安街6号，邮编：100740）
印　　刷：北京顺诚彩色印刷有限公司
经　　销：各地新华书店
版　　次：2016年10月第1版第1次印刷
开　　本：889 × 1194　1/32　　印张：7.5
字　　数：231千字
书　　号：ISBN 978-7-5184-0954-9　定价：39.80元
邮购电话：010-65241695　传真：65128352
发行电话：010-85119835　85119793　传真：85113293
网　　址：http：//www.chlip.com.cn
Email：club@chlip.com.cn
如发现图书残缺请直接与我社邮购联系调换
151172S3X101ZBW

[内容提要]

Indicative Abstract

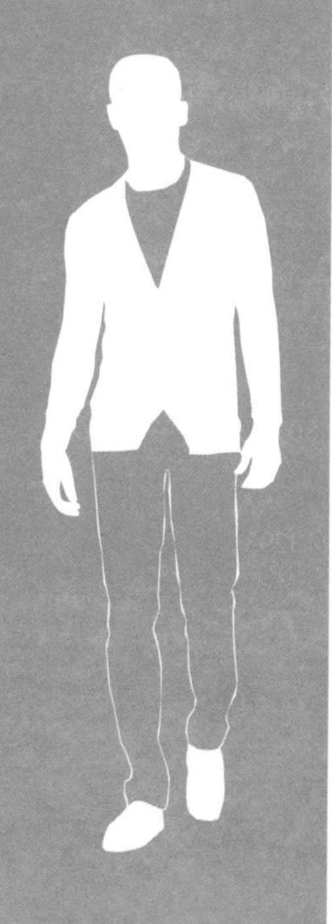

本书源于“九型衣经中国人衣装型格定位系统”，由资深形象专家张旭华老师倾情编写，送给正在打拼路上或已经取得巨大成就的你。本书将根据你的气质、性格、体型、行为、职业、型商指数、环境等特征，指导你如何掌控自己的形象 DNA 密码王牌，随时随地穿出**合心、合体、合镜**的得体装扮。通过 700 张图片、50 位真实大咖案例、1001 个贴心指导，全方位阐述“互联网 +”背景下的成功法则，即：**成功 = 型商 + 智商 + 情商 + 财商**。是一本让你看一眼就忍不住对号入座、一口气读完的自我形象提高宝典。全书图文并茂、通俗易懂、可听可读，既是一本超实用男装穿搭手册，又是一本趣味十足的休闲读物，是实现自我突破和企业团队培训的首选用书。

/ **此书献给** /

正在为事业打拼和已经取得巨大
成就的中国男士

穿衣不仅是身份的象征，更是成功路上的 GPS！

九型衣经

九型衣经——我喜欢的穿衣经

九型衣经作为最适合中国人的衣装型格定位系统，让我的着装变得很轻松。它就像十字路口的红绿灯一样，在我困惑时给我最朴实的指引，并让我在各类场合中展示出自信相随的丰富形象。九型衣经的强大之处在于：它不仅可以让你洞见自己，还教你在人际交往中如何通过衣着轻松读懂他人，让沟通更加高效。

Angel

——旅美珠宝鉴定师

前　言 | PREFACE

互联网背景下男士成功的**4**个指标：

互联网把我们带入了一个信息大爆炸的时代。在这个时代，“注意力”正成为一种稀缺的资源和营销手段！争夺“注意力”的“眼球大战”也正暗流涌动，此起彼伏。在这场“眼球大战”中，谁先掌握了“注意力”，谁就可能在竞争中取得绝对优势。

型商，作为与智商、情商、财商——现代社会中三大不可或缺生存素质并驾齐驱的一项素质，在眼球大战中发挥着它不可替代的特殊功力。而智商、情商、财商则逐步发展成为潜藏水面之下，无法让人快速读阅的隐形元素。

在互联网时代，提高型商对男士来讲不是消费，而是投资！

聚美优品，是一家我们都熟知的近年来迅速发展起来的化妆品特卖网站。创始人兼 CEO 陈欧先生，获得美国斯坦福大学 MBA 学位，是中国 80 后的创业榜样。2009 年创业之初很低调，专注埋头做事。后在投资人徐小平先生的建议下，开始高调做 CEO 形象营销，为聚美优品拍摄的“我为自己代言”系列广告大片，以张扬的性格、帅气的造型，立刻吸引了大量 18~36 岁女性的关注。聚美优品运用型商杠杆的独特营销方式，令陈欧和聚美优品同时爆红。2014 年 5 月 16 日，聚美优品正式在美国纽约证券交易所挂牌上市，市值超过 35 亿美元。同时，陈欧也成为纽交所上市公司历史上最年轻的 CEO。

型商，不仅告诉你什么时间、什么场合穿什么衣服，更重要的是通过有策略的穿着来影响他人，帮助你在充满机遇与挑战的现代商业环境中获得成功。

现如今，懂得运用型商杠杆的已经不再局限于明星

本书作者服装造型由中国浙江台绣服饰（TGGC）独家提供

艺人，还包括政界、商界等领域高身份者及日常职场人士。

你可以没有令人羡慕的长相，但是你一定要有较高的型商，高型商会助你在日益激烈的竞争中脱颖而出。

本书以九型衣经为理论核心，从环境、气质、性格、职场、心理等方面系统讲述型商的形成导因及提升策略。又以科学的测试、真实人物案例讲解、配以大量图释，让你不仅领悟到全球领袖级人物经营、运用型商的商业战略，更是让你学会“因地制宜”，迅速提高自我型商指数。希望本书能对你以及你的团队有所帮助，愿你早日实现生活和工作的目标。

張旭華

目 录 | CONTENTS

01 第一章 型商，引爆你事业的 GPS 001

一、全球领袖级男士的穿衣经 _002

二、别让穿着影响了你的前途 _005

三、衣服不止漂亮，关键是要会“说话” _009

02 第二章 有种能力叫“型商” 013

一、型商，智商之外的一种能力 _014

二、九型衣经之你是哪一型? _016

03 第三章 九型衣经之“装”出你的品牌 027

一、看看哪个人更像你 _028

二、找到你的品牌标签 _032

三、选对开启事业运的 7 大衣橱单品 _041

四、穿出你的风格 _132

04 第四章 变形记——秀出你的 Style 207
一、29 岁的 Jack _208
二、35 岁的 Saladin _210
三、力求完美的商务精英 John _212
四、90 后职场新秀 Tony _214

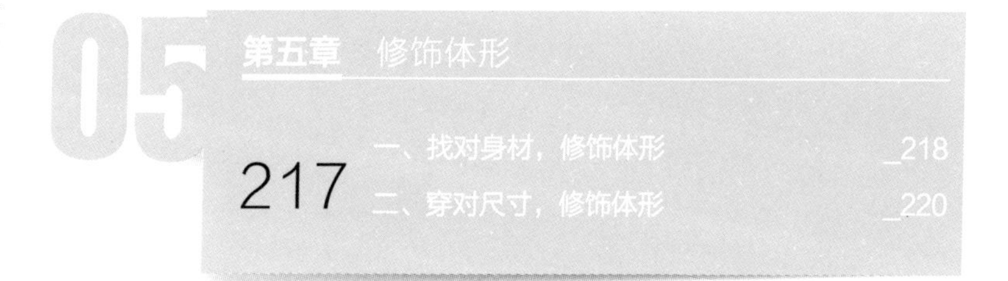
05 第五章 修饰体形 217
一、找对身材，修饰体形 _218
二、穿对尺寸，修饰体形 _220

06 第六章 Q&A 型商“急诊室” 225

附录 张旭华金句 _228

第一章

型商，引爆你事业的 GPS

俗话说：“人靠衣装马靠鞍。”小到普通百姓，大到时尚明星、首脑政要，今天，衣服已经不再仅仅是祖先留下来的那块“遮羞布”，而是你成功路上的 GPS！

为了事业上取得成功，你并不一定要有高颜值的长相，但是你一定要懂得怎样穿才对，怎样穿才得体，怎样穿才有影响力。

一、全球领袖级男士的穿衣经

商业化着装与普通着装有着质的区别，而男士着装与女士着装更是两个截然不同的世界。

在中国男人的世界里，女人很看重的漂亮早已成为虚无缥缈的东西。在男人的世界里，他们更需要切合实际地穿出——权威、制度、角色与未来。得体的着装是男人事业发展的 GPS，它会加速你成功的进程。翻开国内乃至全球各界顶级人士的穿衣经，其服饰语言的运用，无不出神入化、炉火纯青。

案例：黑色的乔布斯

在某高校总裁班上，作者经常引用乔布斯黑色套头衫的案例，给企业家们剖析——企业家如何根据行业进行着装定位。

提到乔布斯，总会让人想起那件标志性的黑色套头衫、蓝色牛仔裤还有永恒不变的运动鞋。乔布斯这套恒久不变、看似随意的行头，是他从 1998 年以指挥官身份重返苹果公司后的新造型。

年轻时的乔布斯总喜欢穿老式的三件套西服，不过那样看上去更像 IBM 的高管，难以表达出全球领袖人物的特质。新的形象定位轻松、随意，符合行业及个人特点，乔布斯一直穿了 12 年之久。它不仅让乔布斯本人的着装变得简单，更是给苹果公司带来了巨大的“果粉”资源和财务收入。

作为领袖，你要知道，领袖个人形象是公司品牌不可分割的重要组成部分，它是企业品牌人格化的代表，是营销的焦点所在。所以，领袖形象必须根据行业及个人特质进行准确定位，才能获得更多消费者的认可和追捧。

案例：中国风的莫言

莫言，地地道道的中国作家，第一个获得诺贝尔文学奖的中国籍作家。作为首位登上世界舞台的中国作家，莫言到底穿什么去领奖曾一度激发网友热议。

有的网友认为莫言代表中国，应该穿汉服，有的网友认为莫言去国外领奖应该穿西装，众说纷纭。如何穿出适合环境和个人风格的着装，这不仅仅是莫言遇到的问题，也是每个中国人遇到的衣着难题。作为中国人，当我们有机会站在世界舞台中央时，我们的形象定位要三者合一，即在个人风格 DNA 的基础上，融合国际着装规则和中国风

格，如此才能给外界留下独树一帜的印象。

所以，在瑞典文学院出席诺奖得主新闻发布会时，我们看到莫言穿的是国际标准的西装搭配大地色系的中国风衬衣，衬托宝蓝色领带，整套配装与他乡土气息的小说风格无敌匹配。次日，在斯德哥尔摩大学举行文学讲座时，莫言换上了与领带同色的宝蓝色衬衣，依然还是那套黑色西装，换件衬衣立刻变身年轻时尚一族。

在发表《我是个讲故事的人》演讲时，莫言选择的是代表中国传统文化的立领中装，大红色扣眼设计与黑色形成强烈视觉反差，很精准地诠释了传统与现代、大气与细腻、稳重与创新的个人衣装风格。

旭言旭语

穿出自己永远是男人事业发展的 GPS，会加快其成功的速度。

二、别让穿着影响了你的前途

在大众创业、万众创新的大环境下，每个人都渴望一步一步实现梦想，获得成功。而以自媒体营销为首的当下，代表个人视觉符号的衣着形象，正成为很多人成功路上的无形壁垒。精准的形象不仅可以助力营销，更会让你瞬间提升人气，扩展人脉；失败的形象，犹如拼搏路上的一座大山，让你与机遇失之交臂。

在着装文化及意识还没有完全普及的中国，很多人因为穿错衣而影响了自己的前途，却全然不知。比如相亲失败、升职失败，比如与客户谈判时失去信赖，比如管理者没有领导力等。这些失败有的竟是由于日常的错误着装造成的，日积月累错误的着装信息就会影响人们事业、生活的发展。

今天，无论是行业大咖、商务精英、职场菜鸟、公职人员，还是创业者……无论是在内部会议，还是与客户交往、商务出差、日常上班、相亲约会、公众演讲……着装已经远远不止个人喜好这么简单。它的品质高低已经影响到个人发展甚至公司效益。

案例：
你知道吗？客户很在意你的衣着

在为各大企业讲授《型商创造影响力》课程时，作者经常引用现实中的两张照片，让大家从心感触——形象如何创造影响力。

这两张照片是两家不同汽车品牌专卖店销售人员的照片。

第一张是全体员工着黑色时尚西服套装，搭配有设计感的中式白衬衣和黑色皮鞋，整体衣着讲究、合体紧致、品位十足，每个人眉宇间都透出职业的自信、干练和优雅

气质。第二张是全部员工着松垮不合体的工作服白衬衣，长及地面的黑色裤子和系带绒布鞋，整体衣着随便、邋遢，给人透出萎靡不振的感觉。

不知道你看完这两张照片后会有什么样的感觉？假设，你现在正想购买一辆价值一百万的汽车，你觉得去哪家买会更放心一些呢？

《型商创造影响力》课程现场的朋友们都会选择第一张照片穿戴整齐的这家品牌店铺购买，他们认为这些销售员看起来更有素质，更专业。为什么同样是汽车销售员，只因她们穿着的不同，就会导致完全不同的销售效果呢？

在成功的路上，我们自身又有哪些影响我们前进的衣着形象障碍呢？以下是日常生活中容易出现的一些衣着疏漏。

◆ 那些年被你忽略的衣着陋习

着装错误在每个人身上几乎轮番上演，对号入座，看看你身上有哪些，抓紧时间改正吧。

1

√ 大大的品牌 Logo 在全身装扮中分外耀眼；
√ 经典西服套装搭配休闲衬衣；
√ 不合体的服装尺寸；
√ 没经过熨烫就穿上身的纯棉衬衣。

2

√ 满身流行元素，不考虑搭配；
√ 将军肚，系色彩鲜明的腰带。

3

√ 会见重要客户，着牛仔裤或休闲衬衣；

√ 会见年龄成熟客户，装扮个性时尚。

4

√ 袜子皮鞋不同色；入座后，因袜子筒较短露出腿；本命年露出红色袜子。

旭言旭语

形象是常常被你忽略、而客户却非常在乎的一样东西，它是促进你事业发展的利器。

三、衣服不止漂亮，关键是要会“说话”

衣服的价值不仅在于漂亮，更在于是否会说话。比如，理财经理的衣着需要表达信赖；空姐的衣着需要表达安全与优雅；政客们的衣着则要表达国家文化和政府责任；而乞丐则通过破烂不堪的衣着向路人表达他的凄惨，以博得同情。柴静恰当运用衣着，其自费拍摄的纪录片《穹顶之下》一夜爆红，点击率过亿。

如何根据环境、人物及事件本身有计划地穿着，并能通过衣着向外界表达有利于自己的信息，这就需要深入去思考你的身份、职业、事件以及自己承担的角色，只有这样才能穿出真正的自己。

案例：著名主持人的乞丐服

帅气的主持人往往给电视节目引来高收视率，而帅气的主持人如果化身乞丐并且能淘到钱那才更是本事。

火遍天下的真人秀节目《爸爸去哪儿》，其帅气的主持人李锐先生，曾在一期节目中，为了了解乞讨人的生存状态，特别是他们的收入状况，巧妙化身“乞丐”。他用假发和破烂的衣裤为道具，要亲身体验沿街乞讨一天到底能讨到多少钱。你能想象得出，化完妆后的李锐比犀利哥还要犀利吗！？竟然连电视台的司机都没有认出他是著名主持人李锐，还以为是乞丐上车来要饭呢！乞讨过程中李锐顶着一头又脏、又乱的假发，穿一身破布脏衣到处问路时，路人竟然热心地告诉他去哪儿更容易讨到钱！

可见，无论你是谁，身兼什么角色，只要能正确传递有利于你的信息符号，总会在交往中获得成功。

案例：1分钟拯救“土肥圆”

Veblen是一名优秀的销售总监。他从最基层做起，历经13年摸爬滚打成长为一名公司高管。自从升级做爸爸以后，平时也很少注意自己的形象，加之肚子的横向发展，上班都是随手抓一件衣服穿。年轻时精明能干的形象，现在已经荡然无存。一天，我突然接到Veblen打来的电话，说要见面聊一下。当我见到他时，我非常惊讶：“你现在怎么变成这样了？！”他笑笑说：“都这把年纪了，也不用讲究了。”只见他脚上穿了双类似卖西瓜大叔穿的凉鞋，上身穿胸前有卡通图案的圆领T恤，下身穿条老人早上遛弯的大短裤。

闲聊中，得知他现在正在为找工作发愁，面试过很多企业，但对方都觉得他能力不行，甚至质疑他过往的成功经验。以前事业顺风顺水的他，也不知道现在到底怎么了。听他说完，我笑了笑，说：“你看起来就矮矬穷，哪里像年薪百万的职业经理，要不要来个大变身？”我们转身来到一家男装店，我精心为他搭配了几套看起来像年薪百万销售总监的行头。脱掉大短裤，从试衣间出来的他马上气场非凡。

此后不久，他告知我很快如愿以偿找到了一份满意的工作。由此可见，职业经理人能够结合自我特征，科学定位符合自身事业发展的服饰风格，是现代职场必备的一种生存能力。

不难想象：买花时，一枝新鲜的玫瑰和一枝快要凋谢的玫瑰，新鲜的玫瑰卖价一定远远高于快要凋谢的玫瑰。在面试时，如果应聘者的履历、经验等各方面条件都相当，形象气质较好的人，被录用的几率会更大。买衣服时，一件外套若放在装修豪华的卖场里，顾客愿意花 1000 元购买，而放在街边小店里，顾客只愿意花 100 元购买。

同样的商品，不同包装，给人的印象完全不同。如同那些演艺界、商界的名人、明星一样，将自己的形象商业化、标签化，以博得大量粉丝的高度认同，并以此提升自己的知名度和美誉度。而在各类新媒体的推动下，这种趋势逐步蔓延并常态化，成为现代商务竞争中的新能量杠杆。

旭言旭语

衣服的价值不仅仅在于漂亮，更在于说的话是否正确。

第二章

有种能力叫“型商”

在这个到处“刷脸”的时代，很多时候**型商**决定了你的竞争力。型商并非无可挑剔的长相，而是无论日常上班、相亲约会、面试竞聘、见投资人、公众演讲，还是生意洽谈……你随意间散发出来的一种独特气场，这种气场能投射出强大的磁性及个人魅力。

一、型商，智商之外的一种能力

对个人而言，智商被认为是很重要的东西。似乎智商高的人，做任何事儿都比别人容易许多、轻松许多，不仅学习如此，工作更是如此。相对智商低的人似乎做什么都被认为比较艰难。

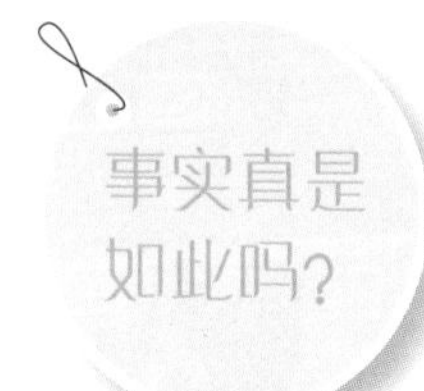

我们试想，多少次在老同学聚会上，当年那些学习成绩差被认为低智商的人，反而是多年之后混得最好的那些人。再比如，高智商、高学历的大龄女博士征婚难已经成为一种社会现象。

《非诚勿扰》官方微博就曾公布过“各地区男嘉宾牵手成功率调查报告”，报告显示黑龙江男嘉宾的牵手成功率高居内地排行第一，原因是黑龙江小伙综合颜值比较高。在这个到处“刷脸”的时代，你不得不承认：这并不是一个仅有高智商就能成功的年代。很多人是通过外在印象，做出对你的预判。如同 FBI 通过身体语言来洞悉他人内心，而

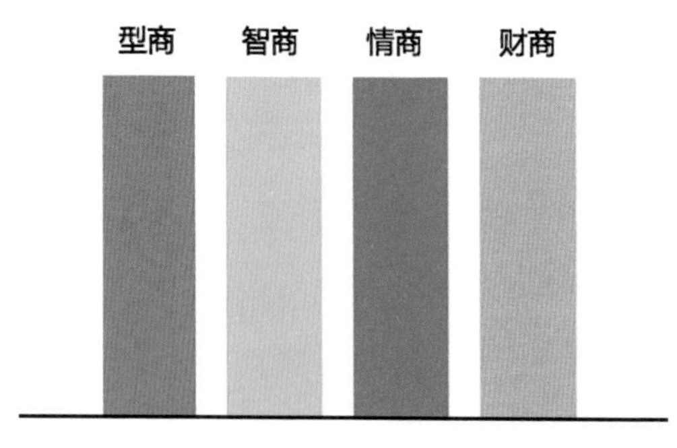

现代人的必备生存素质

型商则侧重如何通过有策略的着装，来影响他人对你的评测。

在商业社会中，型商是智商之外的另一种生存能力。型商高的人通常知道如何根据环境场合的变化，选择得体的衣着，获得他人的认同。

型商　是根据不同商业环境驾驭形象风格的能力。
型商表现为不同环境场合下的形象得体度、协调性、目的性气场呈现及公众评价等。

智商　是人们认识客观事物并运用知识解决实际问题的能力。
智商表现为观察能力、记忆能力、想象能力、创造能力、分析判断能力、思维能力、应变能力、推理能力等。

情商　是理解他人及与他人相处的能力。
情商表现为自我认知能力、自我控制能力、自我激励能力、认知他人的能力及人际关系管理能力等。

财商　是认知、获取和管理财富（金钱）的能力。
财商表现为理财的能力，特别是投资收益的能力等。

旭言旭语

当智商、情商、财商逐步发展成为潜藏水面之下，无法让人快速读阅的隐形元素时，型商正在“看脸”经济中散发着它的神奇魔力。重视型商，会让你在各方面变得更具竞争力。

二、九型衣经之你是哪一型？

我们每个人都有与生俱来的独特气质。它就像你的身份证号码一样，没有人与你重复，独一无二。这独一无二的气质就是你衣着的 DNA，我们只有在了解自己的 DNA 后，才能有效提升自己的型商。这就是为什么哪怕同一件衣服，就是双胞胎穿出来的感觉也不会完全一样的原因。

九型衣经作为最适合中国人的衣装型格定位系统，就像指挥交通的红绿灯一样，在你的商业化着装道路上，用最适用的方法告诉你：你是谁，该穿什么，不该穿什么。它不仅可以让你洞悉自己，还可以帮助你轻松读懂他人，让你在现代交往中的沟通更加精准而高效。

1. 九型衣经之分类

九型衣经通过深度挖掘个人内在与外在的行为特质及行为动机，将人的衣着风格划分为九种类型，每一类都代表了不同人的风格倾向，并分别用九种不同的颜色表示。

一型为　　；二型为紫色；三型为红色；四型为黑色；五型为青色；六型为蓝色；七型为橙色；八型为绿色；九型为粉色。

无论你是什么样的着装风格及嗜好，在九型衣经中总有一型是在讲述你。

九型衣经的强大就在于，它能帮助你发现自己内心深处最具潜质的衣

型风格倾向，发掘你所不知道的优势、盲点，在“衣着”上打破你的思维局限，让你对自己有全面、清晰、立体的认知。

在九型衣经的世界，你会不断发现自己的身影，这些发现会让你内心产生强烈的共鸣，并能让你——真正穿出自己！

2. 九型衣经之型格密码测试

读到这里，相信你已经迫不及待想知道自己到底属于哪一型，接下来，就请进入下面的型格密码测试环节。

在我们日常为客户服务的过程中，一般都会采用一套极为专业的型格密码定位系统，为每一位客户做精准定位。为了更快普及九型衣经的知识体系，帮助更多人定位自己的型，作者特意从专业题库中演变出 8 道题目，作为本书的诊断题目，希望可以帮助你勾勒出一个真实的自己。

接下来，请带好笔进入下面的诊断环节。请用最快的时间，在下面的每道选择题中选出最能代表你的 1 项、2 项，最多选 3 项。

1. 你能接受的色彩组合是

A. 黄色 + 白色　　B. 荧光蓝 + 黑色

C. 红色 + 黑色　　D. 黑色 + 白色

E. 橙色 + 绿色　　F. 藏青色 + 白色

G. 深咖色 + 黑色　　H. 暖米色 + 灰色

I. 白色 + 淡蓝色

2. 你对衣着的要求是

A. 利落有活力的衣服
B. 看上去像型男的衣服
C. 流行，时髦，不一定是品牌
D. 大气场的衣服
E. 有活力的衣服
F. 保守经典的衣服
G. 舒适的衣服
H. 要穿品质高、精致的品牌服装
I. 清新有情调的服装

3. 别人对你的评价是

A. 活泼好玩
B. 乐于控制
C. 不爱说话或极度张扬
D. 豪爽
E. 动力十足
F. 保守
G. 亲和力很强
H. 低调
I. 有点腼腆

4. 你喜欢穿哪件西装

A. 有设计感的短款西装
B. 修身有型的时尚西装
C. 面料有亮光的潮流西装
D. 大气简单的深色西装
E. 彩色的西装
F. 经典的藏青色西装
G. 舒适的休闲西装
H. 合体的细条纹西装
I. 英伦风休闲西装

5. 你喜欢的图案是

A. 红桃心
B. 斜条纹
C. 骷髅
D. 宽竖条纹
E. 大圆点
F. 横竖条纹
G. 大方格
H. 细条纹
I. 千鸟格

6. 选一套你最舒适的装扮

A. 休闲衬衣和板鞋
B. 修身衬衣和黑裤子
C. 街头风格牛仔裤和纯银项链
D. 黑色圆领 T 恤和牛仔裤
E. 翻领 T 恤和牛仔裤
F. 经典的蓝色衬衣
G. 纯棉格衬衣和咖啡色休闲裤
H. 中式立领外套
I. 英伦风格衬衣

7. 你最享受的生活方式是

A. 看韩剧 B. 酒吧 C. 打台球
D. 健身 E. 打篮球 F. 财经类节目
G. 周末钓鱼 H. 陪家人 I. 听音乐

8. 你认为自己的类型是

A. 自由型 B. 创新型 C. 另类型
D. 领导型 E. 挑战型 F. 脚踏实地型
G. 重视人品型 H. 精干型 I. 梦幻型

3. 型格密码解析

每个人的型格密码基本上都是由主型、副型、辅助型三型来组成。

主 型：你内心追求的自己，是你最舒适、最自信的印象状态。

副 型：不一定是真实的你，可能是工作中的你，或者某一种状态下的你。

辅助型：你内心期望成为的你，随着年龄或者心态的变化，最有可能成为你的主型，或者在休闲放松时它是你最佳的着装风格。

这三种型会根据你心境、场合、身份的不同交替变换它们的角色。

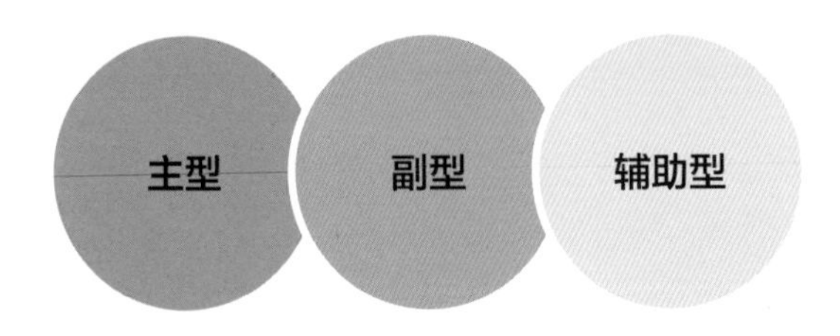

按照下面的步骤来看一下你的主型、副型、辅助型如何构成。

第一步：根据你的选项，将下图中你勾选的字母数量相加，填在竖排底部对应的空格里；

题号	代表字母及型格代码								
	1 型	2 型	3 型	4 型	5 型	6 型	7 型	8 型	9 型
1	A	B	C	D	E	F	G	H	I
2	A	B	C	D	E	F	G	H	I
3	A	B	C	D	E	F	G	H	I
4	A	B	C	D	E	F	G	H	I
5	A	B	C	D	E	F	G	H	I
6	A	B	C	D	E	F	G	H	I
7	A	B	C	D	E	F	G	H	I
8	A	B	C	D	E	F	G	H	I
9	A	B	C	D	E	F	G	H	I
合计									

第二步：将每个字母的累加数量从大到小排序；

第三步：从大到小前三名字母代表的型格代码，便依次是你的主型、副型、辅助型了。

型商的主型、副型、辅助型之间有 N 种可能的组合。同样的主型因为副型和辅助型的不同，虽然整体风格接近但具体的服饰呈现效果会有诸多差异。

比如某人的型组合是 2+4+3，而其最要好的朋友型组合是 2+6 + 1，虽然两人的主型一样，但因为副型和辅助型的不同，前者衣着个性化程度比后者要高很多，后者则更倾向于保守派。

每个人的型组合有时会随着时间的推移和工作环境的变化而变换，但是你内心追求的主型一定不会发生变化。如果你的测试结果没有副型和辅助型，只有主型，太好了，你很幸运，你已经达到“天、地、人”合一的状态，本书第三章的内容将帮助你迅速自我定位，提高型商以提高自己的影响力。

每个人都是一个独立、复杂的个体，特别是衣装印象，它是每个人内心最真实的表达，能准确表达自己是件非常不容易的事情，最好的办法是深入了解九型衣经的脉络，再结合案例，你会很轻松搞定这个问题。

4. 九型衣经之型商指数测试

找到自己的衣型风格密码后，你的型商已经向上提高了一大步。但是，型商高低还与个人的审美及时尚敏感度有很大关系。所以接下来，你还需要测试一下自己的型商指数。无论你的型商指数目前正处在哪一个阶段，相信读完本书，你未来的形象一定超乎你的想象！

现在一起为你的型商指数做一次全面的“体检”吧！你需要如实回答

下列问题，在 A、B、C 中间选出 1 个你认为最合适的答案，这将更有助于你的个人 Style 速速提升。

[ ] 1. 买衣服时，导购向你推荐服装

A. 很容易听她的推荐

B. 偶尔听

C. 自己有强烈的主见，很少听她的推荐

[ ] 2. 对自己服装的尺寸

A. 不知道

B. 差不多

C. 知道

[ ] 3. 去和穿西装的重要客户签约，你会穿

A. 运动休闲鞋

B. 皮质便鞋

C. 黑色皮鞋

[ ] 4. 你每天打理发型的时间是

A. 0 分钟

B. 1 ~ 2 分钟

C. 10 分钟以上

[ ] 5. 你是否经常将运动裤和黑皮鞋穿在一起

A. 经常这样穿

B. 偶尔

C. 从来不这样穿

[ ] 6. 你衣橱里有哪些款式的皮带

A. 黑色皮带

B. 黑色和咖啡色皮带

C. 时尚的彩色皮带

[ ] 7. 你买了黑色休闲裤会穿

A. 黑色皮鞋

B. 咖色皮鞋

C. 彩色乐福鞋

[ ] 8. 每天出门，你穿衣服的习惯是

A. 随便抓一件穿上就走

B. 只要不太难看就可以穿

C. 需要认真搭配后才穿

[ ] 9. 你自认为你的着装风格属于

A. 随便穿的类型

B. 适合就好的类型

C. 追随时尚的类型

[ ] 10. 你平时的衣服是

A. 老婆或老妈买

B. 自己和家人都买

C. 自己购买

[　　] 11. 假如明天你要面对 100 人做演讲，你将选择什么样的服装

A. 穿件自己感觉舒适的

B. 穿件自己认为好看的

C. 穿件自己认为听众喜欢的

[　　] 12. 朋友聚会时，会羡慕别人穿的衣服好看

A. 不会

B. 偶尔

C. 会

[　　] 13. 出门买衣服时

A. 到 1 家店，只要差不多买好就走

B. 可以逛 2~3 家店，挑选一件自己喜欢的

C. 可以逛 5 家以上的店，好看的都想买

[　　] 14. 买衣服试穿时

A. 可以承受连续试穿 3 件衣服，再多了就烦了

B. 可以承受连续试穿 5 件服装，再多了就烦了

C. 可以承受连续试穿 8 件甚至更多服装，只要好看

[　　] 15. 你最喜欢的旅游地点是

A. 散步

B. 去熟悉的地方

C. 去好玩刺激的地方

5. 型商指数解析

完成测试题后，把你的A、B、C选择结果数量相加，由此得出你的型商指数。

型商测试结果	型商指数	型商提升方法
A数量明显超过B、C者	较低	需添置高质感的商务类服装
B数量明显超过A、C者	中间	诊断型商气质号码
C数量明显超过A、B者	高	保持态度、精益求精
A、B数量相近，C明显少者	中偏低	运用九型衣经调整风格
A、C数量相近，B明显少者	较高	调整态度、穿出品质
B、C数量相近，A明显少者	较高	保持态度、精益求精
A、B、C数量接近平均者	较低	运用九型衣经调整风格

旭言旭语

九型衣经就像你的内心罗盘，它让你发掘自己所不知道的形象优势及盲点，在“衣着”上打破你的思维局限，让你对自己有更清晰、立体的认知。

第三章

九型衣经之“装”出你的品牌

美国管理学家彼得斯说过：“21 世纪的工作生存法则就是建立个人品牌。”在这个竞争越来越激烈的时代，个体价值的被认知比什么都重要。个人品牌如同自己随身携带的一张永久名片。要想推动个人成功，要想拥有和谐幸福的生活，每个人都需要像明星一样，建立起鲜明特色的“个人品牌”。所以：你即是品牌，品牌即是你。

无论你是初涉职场，还是在攀爬职场金字塔，或正在创立自己的事业，每个人都应该建立区别于他人的个人品牌，从而实现自己心中的梦想。

一、看看哪个人更像你

每个人都有自己独立的个性嗜好及习惯的着装方式。这些，是我们生活中永远抹不掉的痕迹。你可以根据自己的型格密码对号入座，看看哪个型的行为嗜好更像自己，再次确定自己的密码是否正确，或者根据以下各型的解析调整自己的嗜好。

1 型人的“行为”嗜好

★ 有着自由自在，不喜欢被约束的天性；

★ 好玩是任何事情的出发点；

★ 喜欢与时俱进的娱乐方式；

★ 广交朋友，性格开朗；

★ 有停不下来的冲动。

2 型人的“行为”嗜好

★ 对流行较为关注；

★ 注重自我感受，喜欢被关注与肯定；

★ 做事风格独具创意，有胆识、有魄力；

★ 喜欢健身、看电影、摄影及流行的户外活动；

★ 经常直言不讳；

★ 很重视发型的修饰。

3型人的“行为”嗜好

★ 叛逆、固执、不喜欢循规蹈矩的生活；

★ 语言少而观点精辟；

★ 经常有颠覆常规的新奇想法；

★ 在个别领域才华横溢并追求极致；

★ 喜欢看电影、泡吧、动漫、机车及刺激的娱乐方式；

★ 喜欢嚼口香糖。

4型人的“行为”嗜好

★ 无论何时何地都派头十足；

★ 简单、独断，不喜欢烦琐；

★ 观点独立且善于主导一切；

★ 处事风格低调务实；

★ 喜欢玩专用器械的运动；

★ 喜欢阅读高端的时尚杂志。

5型人的“形为”嗜好

★ 精力旺盛，性格开朗；

★ 勤奋，超强的行动力；

★ 积极探索，有一种打不垮的精神；

★ 有独立创新的思想，敢于冒险；

★ 喜欢各类球类运动。

6 型人的“形为”嗜好

- ★ 保守，爱面子，不喜欢冒险；
- ★ 严格遵守各种规则；
- ★ 喜欢行动前制定周密的计划；
- ★ 协调能力很强；
- ★ 为人谦虚、谨慎，讲礼貌；
- ★ 喜爱品茶、高尔夫、网球等；
- ★ 不喜欢逛商店。

7 型人的“形为”嗜好

- ★ 有耐心、友善、乐于助人、性情平静、善于交往；
- ★ 凡事都保持乐观、随和的态度；
- ★ 喜欢工作中强调团队融合性；
- ★ 喜欢说“好”“可以”“我来吧”；
- ★ 好面子，享乐主义；
- ★ 喜欢大自然。

8 型人的“行为”嗜好

- ★ 谨慎、低调；
- ★ 干净，有条理；
- ★ 顾家；
- ★ 凡事追求完美与精致；
- ★ 喜爱读书、听音乐、读诗歌及研究传统文化；
- ★ 无大幅度肢体动作。

9型人的“形为”嗜好

★ 喜欢幻想，浪漫、有品位，追求有品质的生活方式；

★ 喜欢有独特的自我认同和存在感；

★ 喜欢独处，宅，自由；

★ 追求独特的经验；

★ 喜欢钓鱼、上网、旅游、烹饪；

★ 喜欢干净整洁。

旭言旭语

每个人都有自己独立的个性嗜好及习惯的着装方式。这些，是我们生活中永远抹不掉的痕迹。

二、找到你的品牌标签

你是否思考过：想留给别人一种怎样的印象？是稳重大方还是个性潮流？是低调内敛还是活力张扬……无论留给人的是哪种印象，都是你的个人品牌标签。正是这些标签，左右着你每一天出门前的自我形象。

在九型衣经中这些标签就是你衣着风格的代表。当你去商场买衣服时，一看到带有这类标签的服装就会喜欢；同时也会拒绝试穿那些不带这类标签的服装。你会对销售人员说："那不是我的 Style。"

你的个性、嗜好、生活习惯、处事态度、长相、职业等都会影响你个人品牌标签的变化。

1 型的你

如果你是 1 型，你就会像不老"星爸"林志颖、逆龄男神何炅一样，可以经常在微博、微信晒晒不老的容颜，逃过岁月地摧残，看起来年轻是你永恒地骄傲。

你会给他人活泼灵动、古灵精怪、精力旺盛、思维敏捷且骨子里透出一股学生气质的印象。

阳光、年轻、活力是你内心追求的着装印象。

1 型名士代表：

何炅，马云，郭敬明。

2型的你

如果你是 2 型，恭喜你，你拥有像黄晓明一样令人着迷的帅气；刘德华一样立体的五官；健美而匀称的身材。你是女孩心中梦想的男友，你成熟且具备时代气质。

外型的帅气会给你带来无比的自信，你会给他人成熟、简单，内心尚存一点点孩子气的印象。
有型、酷、利落是你内心追求的着装印象。
2 型名士代表：
陈欧，黄晓明，刘德华。

3 型的你

如果你是 3 型，你的内心会充满叛逆和与众不同，你会像 E 时代的音乐先锋周杰伦一样，有一种桀骜不驯的独特气质，不走寻常路是你的座右铭。帅气可能与你无缘，独特常常陪伴你左右。

你常常给人自信、好胜、甚至是固执，孩子气鲜明、还有一点儿腼腆的印象。

潮、炫、与众不同是你内心追求的着装印象。

3 型名士代表：

周杰伦，张朝阳，谢霆锋。

4 型的你

如果你是 4 型，你会给人一种内在强大气场带来的威慑力。敢说、敢做、有担当，就像霸气男神孙红雷一样有大哥范儿。

霸气、硬朗、强大气场是你内心追求的着装印象。

4 型名士代表：

孙红雷，任达华，张涵予。

5 型的你

如果你是 5 型，你常常会无意中随时随地传递给他人正能量。积极、乐观、向上、魄力与坚定、行动力是你的代名词。在你身上总有一种向上的力量。

正能量、动感、简约是你内心追求的着装印象。

5 型名士代表：

刘强东，马东，郎朗。

6型的你

如果你是6型，你与生俱来的严谨、逻辑、一丝不苟经常会令人望而生畏，看到央视名嘴白岩松就看到你的影子。你不愿意被变动的秩序打乱，你总是给他人高度的责任感，传统而成熟的气质印象。

经典、精致、正式感是你内心追求的着装印象。

6型名士代表：

白岩松，李彦宏，王健林。

7型的你

如果你是 7 型，与生俱来的亲切感会让你快速成为大家信赖的好朋友。包容与平易近人的你，会令与你交往之人感觉安全、放松，他们会愿意与你自由交流。就像出演电视剧《家有儿女》被誉为“天下第一好爸”的夏东海（高亚麟饰）一样，剧中三个孩子经常围着他打闹、开玩笑，他却依然保持宽容的心，笑呵呵的表情，好像从来不会发火。

柔和、自然、儒雅是你内心追求的着装印象。

7 型名士代表：

孙正义，王传福，唐国强。

8型的你

如果你是8型，非常幸运，你留给他人的是温文尔雅，近乎完美的绅士形象。淡定、知书达理、有内涵、儒雅是你的代名词，如同腾讯“帮主”马化腾一样，你永远传递着淡定与执着。在社群新经济时代，说不定你就是下一个“帮主”。

清爽、优雅、精致是你内心追求的着装印象。

8型名士代表：

马化腾，佟大为，高博。

9 型的你

如果你是 9 型，年轻帅气、精致英俊的长相一定让你的颜值爆表，每次出现吸睛指数不容小觑。外形清秀，性格有点腼腆的你是人见人爱的“小鲜肉”，新生代明星《加油好男儿》冠军井柏然是 9 型的典范。

干净、温和、完美是你内心追求的着装印象。

9 型名士代表：

井柏然，张艺兴。

旭言旭语

无论你是初涉职场，还是在攀爬职场金字塔，或正在创立自己的事业，每个人都应该区别于他人而建立自己的个人品牌，从而实现自己心中的梦想。

三、选对开启事业运的 7 大衣橱单品

男士的衣服不一定多，但一定要精。在服装的选择上，男人远没有女人那么多的款式和花样，所以保持衣橱中的单品件件是精品是重中之重。

如果你的衣橱都快被撑破了，可还是没几件经常穿的，说明你有多次冲动购物的迹象，或者你根本不了解自己适合穿什么。买的时候头脑冲动，买回来一动不动。

通常衣橱中的衣服可以划分成三类：一类是买来一次都没有穿过仅挂着看的，通常把它们称之为“尾品”；一类是买来后只穿几次的，通常把它们称之为“名品”；还有一类是自打买回家后几乎天天穿的，通常把它们称之为“精品”。

精品，就是无论什么场合穿起来都会让你感觉舒服；无论跟哪一件衣服搭配都让你觉得面子十足；无论什

么时间穿都能让你心情大好的那些衣服。它们既是你衣橱中穿着频率最高的，又是必备的款式。

接下来，将一一介绍九型男士们在日常商务环境中经常穿着的那些单品。

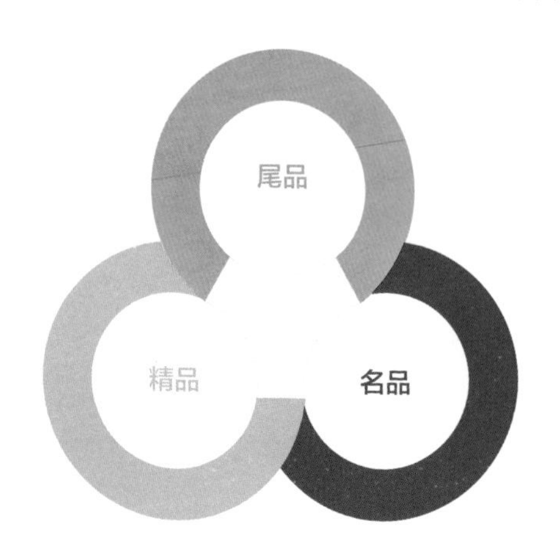

（一）开运西装

西装令商务环境中的男士更具信赖、可靠、责任和权威之感。它是男士衣橱里必备的商务单品。如人们习惯用“西装革履，一表人才”来评价男士的风度。所以，无论是职场菜鸟，还是商务精英都需要储备几套西装，以增加商务环境中自己的权威感。

但是，经典的西装偏偏属于舶来品，大多数中国男士很难将西装穿出欧美人那种笔挺、魁梧的感觉，就像外国人穿唐装很难穿出中国人的味道一样。所以，对于每位中国男士来讲，如何选择真正凸显自身气质的西装，比外国人选西装的难度要大很多。如果你完全听从服装销售人员的推荐，恐怕你只能为他们店中最贵的西装买单。

案例：土豪的格子西装

一天与一位上市公司CEO向总会面，一见面他一身夸张的格子西装把我吓住了。身高不足170厘米的向总，穿着8厘米大的格子成套西装，配上他不算太大的头部和谦逊的笑容，让我顿时语塞了。

他自鸣得意地让我评价他的行头：“这是前段时间我在上海的外滩×号专门定做的西装，你看怎么样？这一套可是十几万，是意大利的师傅……”

鉴于他的身份，我礼貌地说：“看起来是很精神，不过你有没有试过小一点的格子呢？”对方饶有兴趣笑着问：“为什么啊？”我解释给他：“小一点儿的格子与您的身材比例更适合一些，这样您看上去会显得比现在高5厘米。”

的确，价格高的服装固然拥有较高的品质，但能凸显自身气质的服饰才更适合自己。

对于身处高位的男士而言，选择西装一定要严格遵守九型衣经中自己主型的风格元素来选择适合自己的西装款式，再根据场合需要来选择西装的搭配方式。西装的款式大致分为两种：经典成套西装和时尚单件西装。

经典成套西装必须成套穿着，在量级较高的商务场合，除了白衬衣是必备搭配单品以外，领带的颜色可以选择九型衣经中自己本型专属的魔法色。相对经典成套西装，时尚单件西装的搭配就灵活很多，根据西装面料和款式的不同，根据场合搭配休闲裤、牛仔裤、T 恤等都很得体。

经典成套西装

时尚单件西装

案例：阿里巴巴创始人马云先生的西装经

西装，是商务人士衣橱必备的单品，亦保守，亦休闲。

九型衣经中，每种类型的男士也都有其独立的西装风格。商务环境中，只要适当运用自己的服饰风格，根据场合选择适合的款式及搭配，都会令自己独树一帜，给对方留下高品位的良好印象。比如，被誉为“毛衫控”的阿里巴巴创始人马云先生，西装仍然是他重要商务环境中的主打服饰。

九型衣经中马云先生属于 1 型，在青瓦台与韩国总统朴槿惠会晤这类国际商务环境中，他身穿的就是一套国际范儿的经典 1 型深蓝色成套西装，搭配典型 1 型风格的橙色宽领带，不仅充分体现出现代商务环境中，中国当代商务人士的独特服饰品位，而且也不失国际社交中的服饰规范。

在阿里巴巴美国上市之际，身为主角的马云先生选择的是一件最能凸显自我风格的服饰，领部及口袋处有拼接设计的时尚单件西服，搭配商务休闲裤及拼接黑色皮革，整体服饰中商务又不失自我个性。

九型男神适合的西装

1型适合的西装

（1）利落精干的款式；

（2）不同材质的拼接；

（3）小巧的领型及装饰。

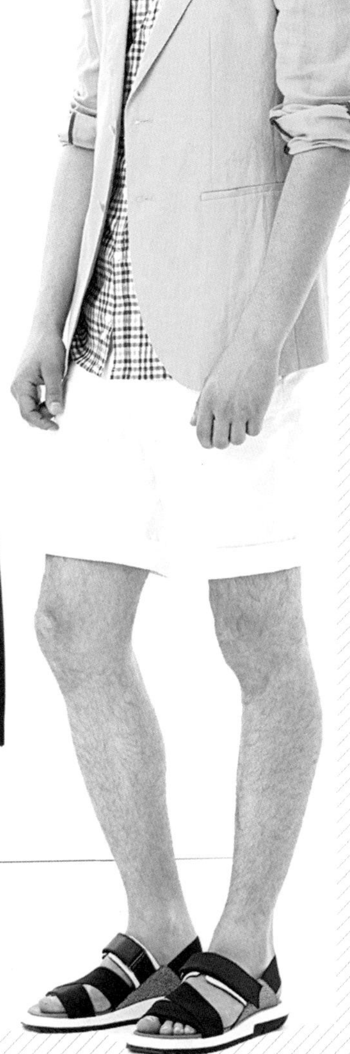

2 型适合的西装

（1）强调腰身的板型；

（2）挺阔的面料；

（3）枪驳领及大气的平驳领。

3型适合的西装

（1）光泽感面料及拼接设计；

（2）个性且富有变化的领型；

（3）一粒扣、两粒扣及多粒扣设计。

型适合的西装

（1）体现大气简约的款式；

（2）枪驳领及大气的平驳领；

（3）双排扣设计。

5型适合的西装

（1）简洁、大方、合体的款式；

（2）规矩的格子及彩色；

（3）青果领及平驳领；

（4）点到为止的装饰。

6 型适合的西装

（1）经典、严谨的款式；

（2）强调质感的面料；

（3）藏青色、黑色、深灰色；

（4）细条纹及净面图案。

7型适合的西装

（1）舒适的板型；

（2）柔软的面料；

（3）外贴袋及明线设计；

（4）平驳领及中式立领。

8型适合的西装

（1）简约经典的款式；

（2）细条纹、小方格等精致的图案；

（3）柔和的色彩。

9 型适合的西装

（1）修身利落的板型；

（2）清新亮丽的色彩；

（3）复杂而小巧的装饰。

旭言旭语

西装是商业行为和职场中最能突显商务男士魅力的服装单品。它严谨稳重，让你更具权威。每位男士都应该根据九型衣经中自己的型格密码来选择几款适合自己的西装。

（二）能量衬衫

衬衫，西装的最佳伴侣。它是大多数中国男士衣橱里最多的那类衣服。无论春、夏、秋、冬，身份高低，男士们都离不开衬衫的相伴。

作为男士，你的衣橱里可以没有西装，但一定不能缺少衬衫。无论是腾讯“帮主”马化腾先生，商界领袖任正非先生，还是前Google、微软全球副总裁李开复老师，衬衣都是他们形影不离的商务单品。衬衫最大的特点在于它简约而不简单。

通向互联网未来的
七个路标

案例：
腾讯创始人马化腾先生的衬衣 Style

《马化腾与腾讯帝国》一书中是这样描写九型衣经中8型的马化腾先生：害羞、聪明、温和、内心激情澎湃，有着必胜的雄心壮志。作为当代优秀的中国企业家马化腾先生用最能体现商务范儿的衬衫演绎着属于自己的Style。

在腾讯WE大会上，马化腾先生发表“通向互联网未来的七个路标”时，身着白色黑扣的衬衫，向外界传递着8型企业家时尚、睿智的一面。而在参加第十二届全国人大会议广东代表团会议时，马化腾先生身着浅灰色衬衣，又传递着中国当代企业家低调，温和与实干的精神。

案例：
9型男士的多变衬衣

一次，为某重量级男装品牌上《配装战略》课程。当我讲到男士“黄金V区”风格塑造衬衫领型选择时，在场的高管们都下意识去摸自己的衬衣领，似乎犯了什么错误一样。

一位高管发自肺腑地说：“做了十几年男装，真的还没搞懂自己应该穿什么领型的衬衫。以前只以为流行什么就穿什么，没想到一个小小的衬衫领对男士风格的影响那么大，今天如梦初醒！”

多年前，当中国男士整体着装风格还停留在模仿阶段时，服装企业生产什么领型大家就会穿什么领，只要是大众熟知的品牌就可以。而今天，当中国男士整体着装品位已经进入个性化时代，挑选一件适合自己的衬衫时，显然已经不会仅仅考虑品牌，而是将重点放在如何体现“自我风格”上。以前，各品牌只需要做一款衬衫就可以火爆天下，而今天需要做九款衬衫才能满足当年买你衬衫顾客的风格需求。九型衣经将中国男士风格分为九类，每一型都有截然不同的着装喜好，如今已进入风格引领销量的时代。

衬衣按风格大致分为两类，一类是以白色为主导的经典商务衬衫；一类是以流行为主导的时尚休闲衬衫。

从某种意义上说，男士衬衫穿的就是领型，不同的领型代表不同的风格。有标准领、尖领、宽角领、方领、翼形领、立领、一字领、圆领、温莎领、纽扣领等。中国男士，无论是60后、70后还是80后、90后，其实对“领型与风格”都不太关注，所以经常引发媒体发出“中国男士没品位、没气质”等的评论。大多数原因就出在衬衣领型与自身气质不匹配上。在九型衣经中，作者对不同类型男士适合的衬衣领型都做了详细的讲述。

经典传统衬衣

时尚休闲衬衣

九型男神适合的衬衣

1 型适合的衬衣

（1）小方领、小尖领、立领；

（2）X短版修身板型；

（3）拼接、滚边设计。

2 型适合的衬衣

（1）高领、纽扣领、针扣领；

（2）X形修身板型；

（3）精致的面料。

3 型适合的衬衣

（1）大尖领、纽扣领、立领；

（2）另类的装饰设计；

（3）多种材质面料拼接。

4 型适合的衬衣

（1）一字领、大尖领；

（2）H形修身板型；

（3）亮钻扣、袖扣装饰。

5型适合的衬衣

（1）一字领、宽角领、标准领；

（2）H形修身板型；

（3）多彩阳光的格调。

6 型适合的衬衣

（1）标准领、尖领、宽角领；

（2）经典的款式；

（3）细条纹。

7型适合的衬衣

（1）宽角领、立领；

（2）柔软的面料；

（3）层叠格子、宽条纹。

8 型适合的衬衣

（1）尖领、方领；

（2）H形修身板型；

（3）亮钻扣、袖扣装饰。

9 型适合的衬衣

（1）小方领、小圆领、翼形领；
（2）滚边、拼接、多扣设计；
（3）小方格、细条纹。

旭言旭语

一件好的衬衣，一定是要适合你的脸型、五官、气质、职业、喜好及场合。

（三）开心 T 恤

似乎成功的企业家都与 T 恤有着不解之缘。

小米科技创始人雷军先生的黑色翻领 T 恤；巨人集团董事局主席史玉柱先生的红色翻领 T 恤；360 董事长周鸿祎的红色 T 恤；美国苹果公司联合创办人乔布斯的黑色圆领 T 恤；就连施瓦辛格离婚后都穿印有“我从离婚事件中复活了，1977~2010”的运动 T 恤。为什么小小一件 T 恤，这么受全球大佬们的宠爱？

究其原因，压力之余，摘下生冷坚硬的职场面具，放松心情，让自己“舒服”无疑是大家最想做的一件事儿。T 恤不仅可以使人放下束缚和压力，心情愉悦，而且还可以天马行空的惬意思考。T 恤就像商务精英的“放松剂”一样，如果你想获得更多的创意和思路，那就选择穿 T 恤吧。

案例：小米创始人雷军先生的 T 恤情怀

每次小米发布会前，大家都会猜这次“雷布斯”又将穿什么衣服出场呢？熟悉小米的人一般都会猜中。

对！牛仔裤、帆布鞋、黑 T 恤，这是雷军先生的标准装束。这身装扮给小米带来的不仅是米粉们的绝对追捧，更是小米数百亿市场的手机销量。

当然，不是每个人都可以随时随地无节制的穿着 T 恤，还是要考虑一下周围人的着装喜好和场合要求，盲目地模仿“雷布斯”和乔布斯只能弄巧成拙，给他人留下笑柄。

案例：H 总的红毯 T 恤秀

在一个时尚机构的年会上，邀请了数位国内顶级的企业家参加，H 总是其中的一位。因为着装习惯的原因他平时穿得最多的就是 T 恤，衣橱里挂满了一年四季各式各样的 T 恤。

在参加年会前，我特意电话他“今晚最好不要穿 T 恤，场合比较正式，要注意自己的公众形象。”没想到，现场我见到他时，依然身着一件耀眼的 T 恤。看着他 T 恤、运动裤、运动鞋这身打扮，挎着身着优雅礼服的女士走上红毯时，表情那么的不自然与尴尬。

当这张照片在网络上铺天盖地传播开时，你能想到大家是怎么看待他的品位吗？虽然企业家的精神、实力很重要，但是在当下这个刷脸时代，企业家的高颜值对于企业来说也同样重要。

九型男神适合的 T 恤

1 型适合的 T 恤

（1）翻领、V领、立领；

（2）条纹及拼接；

（3）H形修身板型。

2型适合的T恤

（1）翻领、V领、竖领拉链；

（2）领部、袖口对比色设计；

（3）H形修身板型。

3 型适合的 T 恤

（1）翻领、V领；

（2）前后身、肩部带有个性图案；

（3）H形修身板型。

4型适合的T恤

（1）翻领、V领、圆领、竖领拉链；

（2）大宽条纹，同色拼接；

（3）胸前带有个性图案。

5 型适合的 T 恤

（1）翻领、竖领拉链；

（2）经典款式；

（3）两色拼接。

6型适合的T恤

（1）翻领；

（2）经典款式；

（3）领身异色拼接。

7 型适合的 T 恤

（1）翻领、圆领；

（2）高品质棉、丝的材质；

（3）舒适的板型。

8型适合的T恤

（1）翻领；

（2）精致的纽扣；

（3）H形修身板型。

9 型适合的 T 恤

（1）翻领、立领、V领、圆领；

（2）单边口袋设计；

（3）柔和的小图案。

旭言旭语

企业家的精神、实力很重要，但是在当下这个刷脸时代，企业家的高颜值对于企业来说也同样重要。

（四）人气外套

对男士而言，外套不仅保暖，更是提升气场的必备神器。无论是好莱坞大片里的大牌明星，还是内地当红明星，他们在荧屏上穿着外套塑造出来的强大气场，都给观众留下了深刻的印象。

男士外套不关乎时尚，不关乎长相，都能将男士们的风度完美展现。

案例：
“工作狂”宗庆后先生的时尚情缘

作为福布斯2013年华人富豪榜内地首富，宗庆后先生是彻头彻尾的实用主义者。他平时衣着朴素，不太讲究，甚至与时尚根本扯不上关系。而为了推广他的新项目——娃欧商场，他却出人意料地以清雅脱俗的高品位形象出现在芭莎男士的封面。

九型衣经中属6型的宗庆后先生，骨子里不折不扣透出一种与生俱来的稳重感。高级灰与神秘黑的层次配装，整体和谐，内敛中流露出华贵，非常适合新时代企业家的身份。黑灰配色的层次感给人较强的视觉冲击，即使不打领带也精神十足。

案例：拯救80后企业家的那件外套

一次在某商学院为企业家们分享《互联网背景下的企业家形象》。课后，一位从事广告业的80后企业家跟我沟通了很长时间。因为身材的原因，他一直在苦苦寻找自己的风格，至今未果，希望我能给他一些建议。他最大的困惑在于无论怎么折腾他的行头，都不能带给客户信赖感。

这位80后的企业家从外表看，的确没有企业家的派头。170厘米的身高，50公斤不到的体重，唯独头部较大，恰恰较大的头部配上瘦小的身材，只见他身穿短小的外套，搭配一条紧身牛仔裤，腰间一条标志性的爱马仕皮带，完全一副弱不禁风，“大头儿子”的感觉。

按他的身材状况，其实是很难买到合适的外套。所以，我建议他定制一件中长款外套，肩部适当放宽，要和头部形成视觉上的黄金比例，胸围尺寸要留有一定的余地，不要显得太瘦，否则会让客户觉得没有安全感，款式风格按照九型衣经中1型男神的元素适当做些设计。几日后，他兴奋地给我电话，说新款的外套太喜欢了，他终于找到了自己的衣着DNA。

男士的外套款式可商务、可运动、可正式、可休闲。无论你是公司高层，还是普通上班族，衣橱里都应该备上一两件适合自己风格的外套。深色优雅、冷静；浅色淡定、从容；拼色时尚、动感，更是让你从人群中脱颖而出。

不同的面料和长度可以表现出不同的外套风格。外套的面料大致分为毛呢、合成纤维、皮革等；长度分为三种：短款，长度只包臀；中长款，长度至大腿一半；长款，及膝。男士们可根据自己的身高及身材比例选择适合的外套长度。

九型男神适合的外套

1 型适合的外套

（1）风衣翻领、小方领；

（2）短款、中长款；

（3）腰线、袖部拼接。

2型适合的外套

（1）枪驳领、风衣翻领；

（2）配有腰带、肩袢装饰；

（3）中长款、长款。

3型适合的外套

（1）连帽领、风衣翻领、枪驳领；

（2）镶边、拼接、拉链设计；

（3）短款、长款、中长款3型。

4型适合的外套

（1）配有腰带、肩袢；

（2）双排扣；

（3）帅气风衣领；

（4）中长款及洒脱的长款。

5 型适合的外套

（1）双排扣；

（2）配有袖袢、肩袢、腰带设计；

（3）可立可翻领、连帽领

（4）中长款。

6型适合的外套

（1）斜插袋、暗门襟；

（2）挺括、质地优良的面料；

（3）立领及方领；

（4）中长款。

7 型适合的外套

（1）翻领、连帽领；

（2）单排扣、暗门襟 、贴袋；

（3）中长款；

（4）柔软、舒适的面料。

8型适合的外套

（1）平驳领、立领、风衣翻领；

（2）配有腰带装饰；

（3）中长款。

型适合的外套

（1）立领、方领、窄西装领；

（2）柔和舒适的面料；

（3）短款、中长款；

（4）带有纽扣、镶边、拼接设计。

旭言旭语

衣橱里备上一两件高品质的外套是男士们的明智之选。深色优雅、冷静；浅色淡定、从容；拼色时尚、动感更是让你脱颖而出。

（五）养生夹克

夹克，生活中最常见的一种功能服装，其轻便、舒适、个性和富有创意的穿搭方式，在追求个性化着装风潮的当下，它备受欢迎。

夹克，犹如男士们的生活闺蜜。每次穿着无论劲爆，还是儒雅，夹克都会让穿着者感到贴心、舒适、自然和精神上的放松。

从已逝美国音乐大师迈克·杰克逊到奥斯卡影帝汤姆·克鲁斯；从人类史上最强特工007——詹姆斯·邦德到万科董事长王石，无不彻头彻尾地诠释了夹克的精练、野性和千姿百态的风格。

案例：
王石先生的夹克品位

九型衣经属 6 型的登山家、冒险家、万科董事长王石先生，在各种场合下都能用夹克展现他的独具品位。一次，在参加某公益宣传活动时，王石先生身着利落的咖啡色立领夹克搭配蓝色休闲格子衬衣，个性中不失企业家的睿智。而在去登山路途中，则穿着鲜亮的红色运动夹克，年轻而富有活力。

夹克的风格如同它的分类一样可谓多种多样。

从领型分夹克，可分为衬衫领、立领、西装领、大翻领、小翻领、连帽领、可脱卸帽领、双层领、针织领等。

从风格分夹克，可分为绅士正装夹克、商务休闲夹克、时尚休闲夹克、时尚牛仔夹克等。

从板型分夹克，可分为蝙蝠夹克、战服夹克、猎装夹克、飞行夹克、运动夹克、休闲夹克、骑士夹克等。

每个人选择夹克时不仅要考虑九型衣经中自身的九型风格，还要考虑脖子粗细长短对领型的要求以及身材对板型的要求。

案例：
胖子“李”变型记

一日，受邀为某企业VIP做《衣着品位与自我形象管理》的主题沙龙。一位身着黑色夹克、黑色裤子、黑色毛衫的王先生，拎着一件接近白色的米色暗格子夹克朝我走来，只见他皮肤白皙，脸蛋滚圆，脖子显然已经被双重下巴遮挡了一部分，感觉头部和身体跳过脖子直接连接在了一起。

我大致能预见他想要问的问题。不出我所料，他拿着浅色夹克问：“张老师，你说我这体形能穿这件吗？”我说：“可以的，比你身上这件黑色会好很多！”“真的吗！”他忍不住惊叫起来。

我说：“你没觉得你身上这件黑色装束很压抑吗，不但没把你显瘦，还显得更沉闷。浅色夹克衬托你白皙的肤色，很精神！我在《中国男人错穿衣》体形篇里专门有你这类大肚体形穿浅色夹克的讲解。”听完我的一番解说，他马上去换上这件浅色的夹克，蜕变形象。

九型男神适合的夹克

1 型适合的夹克

（1）立领、小翻领、连帽领；

（2）多材质拼接；

（3）直线条的装饰。

2型适合的夹克

（1）立领；

（2）贴袋、明线设计；

（3）挺括的面料。

3 型适合的夹克

（1）连帽领、立领、翻领；

（2）配有印染图案、拉链设计；

（3）挺括、涂层、牛仔面料。

型适合的夹克

（1）高立领；

（2）简约的廓形；

（3）挺括的面料。

5 型适合的夹克

（1）翻领、立领、连帽领；

（2）适当拼接设计；

（3）明线袋盖设计。

6型适合的夹克

（1）立领；

（2）简约直线感的廓形；

（3）高品质面料。

7型适合的夹克

（1）翻领；

（2）拉链、暗门襟；

（3）柔和感的面料。

8 型适合的夹克

（1）立领、翻领；

（2）同色拼接；

（3）细腻精致的面料。

9 型适合的夹克

（1）连帽领、小立翻、小翻领；

（2）行线、拼接、拉链设计；

（3）针织组合面料。

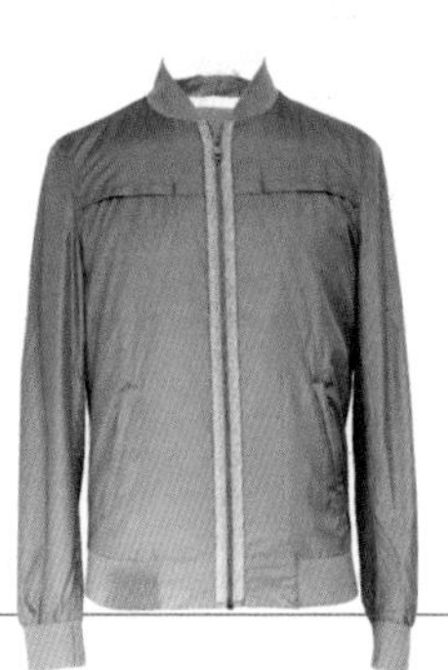

旭言旭语

得体的夹克，犹如男士们的闺蜜。或休闲，或商务都能让你挥洒自如。

（六）幸运毛衫

无论什么风格的毛衫都会给人温暖、温情、温馨……的感觉。

穿毛衫的人总是给人亲切、温和、平易近人的感觉。

中国商界那些叱咤风云的商业领袖们更是对毛衫爱不释手，经常身着毛衫出现在各个媒体的镜头下。从格力董事长董明珠女士的经典开襟毛衫配珍珠项链，到个性飞扬的马云衫。毛衫带给企业家们的除了优雅，更多的应该是放松的心情和铁面无私背后的亲和力。

案例：缔造传奇的“马云衫”

阿里巴巴创始人马云先生的着装以多彩的圆领毛衫而出名，甚至很多淘宝商家把圆领毛衫称为“马云衫”。

在清华经管学院毕业典礼上，1型的马云先生身着黄色毛衫配黑色围巾为大学生激情演讲；在IT领袖峰会上，马云先生身着红色毛衫配商务白衬衣在同龄企业家中显得活力耀眼；在对外经济贸易大学与80后面对面交流时，马云先生身着黄色毛衫配白衬衣，以年轻而简练的商务形象与80后大学生面对面沟通；在2014年乌镇首届世界互联网大会第一天的“跨境电子商务和全球经济一体化”演讲时，马云先生身着经典红色毛衫，配白色衬衣、咖啡色休闲裤和黑皮鞋，这场演讲被媒体称为“阿里巴巴专场”。

对具有国际影响力的商业大咖来说，标志性的服装风格如同企业的 Logo 一样，是企业文化体系的重要组成部分。

毛衫因其制作工艺的多样性，它的风格也变化多端。总体来讲有三类分法。

1. 按材质分类　毛衫按材质分类可分为马海毛、羊绒、羊毛、兔毛、混纺、纯棉、腈纶，其中羊绒最为昂贵和精致。

2. 按款式分类　毛衫按款式分类可分为开襟毛衫、V 领毛衫、圆领毛衫、高领毛衫、翻领毛衫、立领毛衫、青果领毛衫。

3. 按风格分类　毛衫按风格分类可分为商务风格、校园风格、英伦风格。不同的毛衫风格适合不同的场合穿着。

棒针类粗线毛衫适合休闲场合；精致的羊毛、羊绒类毛衫适合商务场合。如果在传统企业的办公室穿起了粗针休闲毛衫，会给客户松散、邋遢，不能胜任工作的感觉。

案例：500 强办公室里的毛衫哥

好友 K 先生为我讲述了他的一段经历。

年轻的 K 先生服务于一家传统领域的 500 强企业，担任业务部门的经理。K 先生平时穿着以舒适为主，对于根据场合着装基本上没有什么概念。一日，公司重要客户到访，作为部门经理，他亲自接待这位客户。只见客户一行三人都西装革履，时尚而有品位。而 K 先生身着一件宽大的粗线棒针毛衫，休闲裤加一双运动鞋。平时这样的装束在他来看也没觉得有什么不妥，可是当遇见“西装革履”时，他顿时觉得自己的装扮不合时宜，整个会谈的发言有点语无伦次，信心不足。

九型男神适合的毛衫

1 型适合的毛衫

（1）领型：V形领；

（2）花型：棒针、镂空、麻花；

（3）色彩：卡通、彩色。

（1）领型：各类领型；

（2）花型：拼色、条纹；

（3）色彩：2-3色交织。

3 型适合的毛衫

（1）领型：各类领型；

（2）花型：不规则彩色图案，麻花、不对称花纹等。

4 型适合的毛衫

（1）领 型：高 领、V形领、圆领、立领；

（2）花型：棒针、麻花、平纹；

（3）色彩：卡通、彩色。

5 型适合的毛衫

（1）领型：高领、V形领、圆领、立领；

（2）花型：拼色、宽条纹；

（3）色彩：2~3色交织。

6 型适合的毛衫

（1）领型：V形领、高领、翻领、立领；

（2）花型：不规则彩色图案，麻花、不对称花纹等。

7 型适合的毛衫

（1）领型：圆领、翻领、开襟；

（2）花型：棒针、镂空、麻花、格子及宽条纹。

8 型适合的毛衫

（1）领型：高领、V形领、立领、圆领；

（2）花型：平纹织法、细条纹图案；

（3）色彩：渐变色、1~3色交织。

9 型适合的毛衫

（1）领型：青果领、V 形领、圆领；

（2）花型：棒针、镂空、菱形格、交织、麻花。

旭言旭语

穿毛衫的人总会给人以亲切、温和、平易近人的感觉。

（七）动能裤装

你可能不知道，对于男士来说，裤装的选择可能比衣服还重要。这是因为，在很大程度上裤装的风格决定了上装如何与其搭配。

每类裤装都有自己的穿搭规律。同一款简约风格的上装，搭配不同的裤装，整体配装及个性诉求都会发生截然不同的变化。当你没有注意到这些变化时，就容易搞出一些笑话。

案例：
80 后技术革新家的“插秧裤”

一日，在一家公司的项目上见到了多年未见的老朋友——技术男 A 先生。他一进门，我惊叫起来：“你今天准备下地插秧吗？怎么穿成这样就出来了？”只见他上身穿一件时尚感很强的西装，下身着一条卷起裤脚的直筒裤，宽宽厚厚的卷裤边在脚踝上晃动着，活脱一副下地插秧农民伯伯的样子。他诧异地看着我说：“不是今年流行卷裤脚吗！”我说：“可是你这条裤子不太适合卷起来，裤脚太宽了！”我随手翻开几本杂志，给他看他到底适合什么样的卷裤边。

在讲课时我常说“时尚易逝，型格永存。”不是所有的流行都适合每个人。

不卷裤脚，你不会 Out；卷起裤脚，你也不是吴亦凡！遵循自己的型格、适合自己才是最好的，千万不要被所谓的流行冲昏头脑。

能诠释男士商务风格的裤装大致分为以下几类：

1. 正装西裤

所谓正装西裤，就是最经典的适合搭配西装的裤子，在高端商务环境中它是你必备的行头。正装西裤的材质多为毛料，有明显的裤线，前身有一至两个褶裥（现在已经发展成无褶裥），后身有两个后袋，裤型多为直筒。随着时尚的逐年调整，尤其是在类似 Zara 等高街品牌的推动下，正装西裤也逐步变得瘦而短、精干利落起来，这一变化从各大明星的穿着中可以看出。

2. 商务休闲裤

在追求轻松办公的当下，商务休闲裤成为大多数男士热捧的一类裤装。无论商务，还是休闲；无论商界，还是政界；休闲裤都是亦正式，亦个性的百搭裤装。面料多采用棉混纺及合成纤维，款式变化多，颜色多为黑色、米色、卡其色、灰色、白色、藏青色等，穿着者可根据需求搭配任意风格上装。

3. 个性潮流裤

除了正装西裤、商务休闲裤，你的衣橱中应该还需要有一类能体现你个性的裤装，它包括哈伦裤，垮档裤，西短裤，彩裤等。这类裤装让你摆脱商务的束缚，让自己的个性发挥得淋漓尽致。

案例：
搜狐董事局主席张朝阳的百变裤装

张朝阳先生可谓是企业家圈内的品位达人，从互联网大会上的光脚穿鞋，到时尚媒体的韩范造型，无一不体现他的品位。

搜狐世界杯群星狂欢夜他穿的是高端麻质休闲裤，搭配麻质蓝条纹衬衣；中国经济年度人物评选候选人论坛，他穿的是米色传统商务休闲裤，搭配咖色格纹衬衣，这些无不体现出中国现代企业家的型商底蕴。在出席“江湖”沙龙活动时，他身着休闲风格的灰蓝色牛仔裤与观众畅谈自己早期互联网创业的故事。

一条裤子，演绎一个故事，谱写一段人生。它见证了企业家们的奋斗历程。

九型男神适合的裤装

1 型适合的裤装

（1）收身的板型；

（2）中性及亮彩色；

（3）利落的小裤脚。

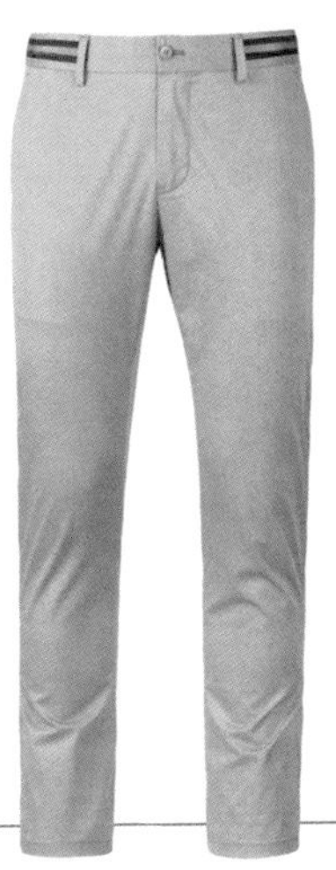

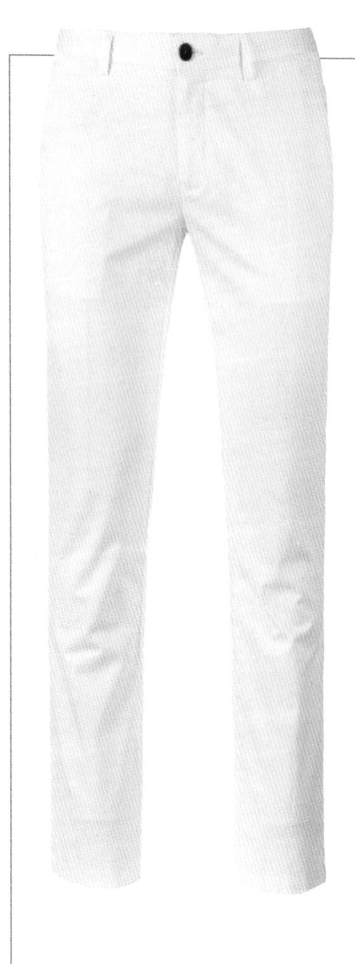

2 型适合的裤装

（1）收身的板型；

（2）黑白及亮彩色；

（3）时尚小筒裤。

3型适合的裤装

（1）时尚个性的板型；

（2）黑白及个性色彩；

（3）利落的小裤脚。

型适合的裤装

（1）大气经典的板型；

（2）黑白及深彩色；

（3）经典的筒裤。

5型适合的裤装

（1）介于时尚与传统的板型；

（2）中性及亮彩色；

（3）时尚小筒裤。

6 型适合的裤装

（1）舒适的板型；

（2）中性及深彩色；

（3）经典的直筒裤。

（1）舒适的板型；

（2）中性色彩；

（3）经典的筒裤。

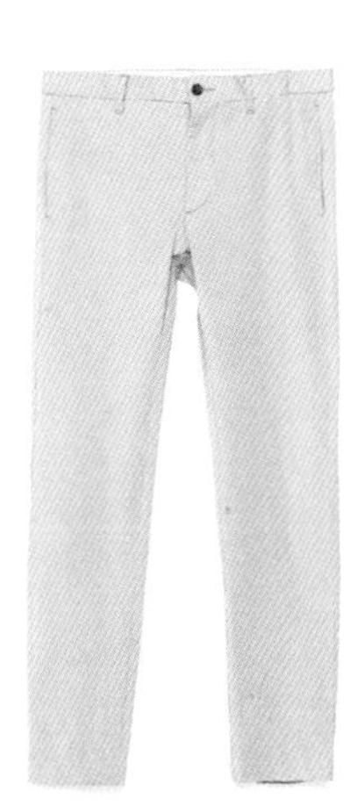

8 型适合的裤装

（1）收身的板型；

（2）中性色彩；

（3）时尚小筒裤。

9 型适合的裤装

（1）收身的板型；

（2）中性及柔彩色；

（3）利落的小裤脚。

旭言旭语

对男士来说，裤装的选择可能比上衣还重要。

四、穿出你的风格

也许，你认为只要衣服穿得干净就可以了，但是你忽略了你的外表会给周围的人传递怎样的信息；也许，你认为只要穿得时尚潮流就很自信，但是你忽略了办公室不是你的 T 台秀场，单纯的时尚根本行不通。商务环境下，你释放的形象信息应该三气合一，即先天气质、后天气质、衣饰气质；另外还应满足公司、老板、下属及客户们的内心期望。在粉丝经济时代，“个人形象品牌”往往会影响他人对你能力的评判。

大家可以根据自己在九型衣经中型格密码来塑造自己气宇不凡、磁场强大的商务衣装格调，给他人传递正面积极，独具个性的印象，以此扩大自己的非权利影响力，让自己成为职场竞技的常胜将军。中国商务人士着装时，一定要根据环境来穿，千万不要照搬国外的穿衣法则，因为那样你会经常找不到自己。在了解了自己的型格密码，衣橱单品之后，接下来的内容将涉及你的整体风格，各型男士可以根据不同商业环境中的着装法则来修正衣装习惯，提高自我型商。

（一）逆龄生长的1型

无论岁月如何摧残，他们看起来永远年轻，这是他们的资本——逆龄。

1型型格元素

★ 适合对比明快的色彩搭配；

★ 适合利落合体，短小精干，有细节设计的款式风格；

★ 适合任意卡通、几何及动物造型的图案；

★ 适合流行感强的高科技面料；

★ 适合有造型的流行酷感短发。

COOL
POP
DIRTY

案例：偶像奶爸林志颖的逆龄密码

随着综艺节目《爸爸去哪儿》的热播，逆龄林志颖引起广泛关注。当年十七岁雨季的少年，时至今日，已是四十岁大叔，却依然容颜不老，怎么看都不像阿叔。因为他是1型。

在江苏卫视热播的《超级战队》中，林志颖身穿嫩嫩的粉色西装，搭配斑马图案T恤助阵“心跳时刻”，把1型的阳光与逆龄挥洒得淋漓尽致。而在重庆现身某商业活动时，林志颖则穿起了1型经典的格子休闲衬衣，搭配背带裤，再次用型元素成功逆龄。

1 型人的时尚商务着装法则

时尚商务环境中，你可以选用深色或浅色的简约时尚套装，突出局部的型元素造型，会让你信赖感倍增。

1 型人的个性商务着装法则

个性商务环境中，你可以大胆发挥自己的型元素，聚焦逆龄优势，运用大色块对比或大面积的图案变化，冰冻年龄，让它成为你引以为荣的永久秘密。

旭言旭语

对1型人来说，年轻是你的法宝，也是你的焦虑，合理驾驭型元素，提高型商，让自己的事业平步青云。

（二）我型我酷的2型

“酷”“帅”是 2 型的天生优势，颜值极高的你天生衣着品位极高，不分年龄地吸引无数男性及女性粉丝。在与客户合作中，你该如何通过软实力来提高自己的责任感和专业度是衣着的重点。

2 型型格要素

- ★ 适合犀利及鲜明的对比色彩搭配；
- ★ 适合修身有型、利落的款式；
- ★ 适合有力量、动感的几何图案；
- ★ 适合光泽感强的面料；
- ★ 适合干净帅气的发型；

案例：
高颜值 CEO 是公司最好的活广告

聚美优品创始人兼 CEO 陈欧先生，名副其实的 80 后成功创业者。创业之初，在投资人徐小平先生的指导下，深耕 CEO “帅”的特质，瞬间引爆聚美优品品牌，深受 80 后、90 后粉丝的青睐。

在“我为自己代言”广告大片中，黑色扣子高领座衬衣让 2 型的陈欧帅气有型。

在携聚美优品美国上市时，陈欧身着黑色的衬衣搭配银灰色领带，加上层次感较强的发型，睿智而理性，尽显 80 后企业家与众不同的风采。

2 型人的时尚商务着装法则

时尚商务环境中，你可以全身选择深色及彩色的时尚感强的款式，利落简洁的造型及局部色块对比，会让你：有型、有色、更有魅力。

2 型人的个性商务着装法则

个性商务环境中，突出局部色彩或局部潮流元素，会让你信赖感倍增。

旭言旭语

对于颜值极高的2型人来说，缺的不是品位，而是如何在高颜值的外表下，带给别人更多责任感和安全感，解决这个问题会令你的事业快马加鞭，事半功倍。

（三）不寻常的3型

如果用常规的眼光看 3 型，很多人会觉得不适应。你需要变换角度，发现并欣赏他们的个性。如果你是 3 型，且从事的不是创意行业，在商务风格中最好适当地收敛自己的个性，才能被欣赏。

3 型型格要素

★ 另类个性的对比色彩会突出你的个性；

★ 适合有设计感、与众不同、颠覆传统的款式；

★ 适合佩戴另类个性的酷感饰品；

★ 适合极具创意的图案；

★ 适合另类造型的发型。

案例：企业掌门人的另类风格

掌门人形象是企业的招牌。不是每一位掌门人的着装风格都适合穿西装革履，从企业宣传角度来讲，另类也是掌门人的一种风格。

衣型密码属 3 型的搜狐掌门人张朝阳先生，不走寻常路的着装风格独树一帜，是当代企业家个性着装的典型代表。2013 年 12 月，在出席韩国男演员李敏镐粉丝见面会时，他身穿韩风版的棕色星星刺绣衬衫，搭配窄檐礼帽，完全一副潮男路线。上海车展上，他身着一袭暖橙色经典款外套，内搭白西装，风格时尚而不失企业家的稳重。

3 型人的时尚商务着装法则

时尚商务环境中，3 型可能会觉得有些压抑自己的个性，可选择有变化的面料或通过衬衣、T 恤等个性内搭的形式来彰显自己的个性，深色是 3 型最好的商务色选择。

3 型人的个性商务着装法则

个性商务环境中，只要你的职业允许，可尽情发挥你与众不同的个性，可以运用多种潮流元素。

旭言旭语

“另类”是3型的代名词，在传统型商务环境中很容易给他人不稳定、不靠谱的感觉，适当地收敛自身个性，根据周围环境来选择自己的装束，做到个性与职业平衡是提高型商的重中之重。

（四）万众瞩目的4型

天生领导范儿的 4 型，气场强大，雷厉风行。大气、简约、利落是 4 型人提高型商的关键词。

4 型型格要素

★ 适合有冲击力、霸气的色彩搭配；

★ 适合极度简约、有摩登感的款式；

★ 适合大气酷感的发型。

案例：4 型的极致品位成就别样商业地位

男人的衣着，女人的品位。

在中国大部分男士的衣着是由女人来打理。所以，男人穿成什么样，很多时候体现的是其背后女人的品位，SOHO 中国董事长潘石屹先生就是其中的一位。众所周知，他的太太张欣是一位具有国际视野的海归，品位独特前卫，这一点从 SOHO 的建筑作品中可见一斑。与潘石屹先生结婚后，她对丈夫的形象要求非常苛刻。她曾为彻底提升先生衣着品位，将先生的衣服全部丢掉，重新购置。所以，今天潘石屹先生国际化的商界精英形象在圈子里可圈可点，无论是对比明快的宽条领带，还是独具异域风情的蓝紫色领带，搭配深色西装和白衬衣，简约而不失个性的搭配，无不体现 4 型的极致风范。

4 型人的时尚商务着装法则

时尚商务环境中，4 型的特质很占优势，可以选择局部色块强烈对比，也可以选择大图案的局部装饰，4 型人的天生霸气会尽情流露。

4 型人的个性商务着装法则

个性商务环境中，4 型人需要用局部的个性色彩或者配饰品凸显自己的个性。

旭言旭语

天生霸气的4型，在创意类商业环境中拥有得天独厚的优势。那么，如何塑造自身亲切感的一面，是4型人身处其他环境中必须要考虑的问题。

（五）活力四射的5型

内心保守的 5 型，最喜欢的是有变化的经典款服装，对颜色的敏感度极高，所以他们喜欢用色彩来表现属于自己的时尚。

5 型型格要素

★ 适合醒目、简约的色彩对比；

★ 适合经典、简约、修身的款式；

★ 适合运动感的宽条纹及格子图案；

★ 适合干净时尚发型。

案例：钢琴顽童郎朗的活力风尚

郎朗，获得诸多权威奖项的国际著名钢琴家。有人说郎朗是活力炫技的钢琴演奏家；也有人说他追求一种具有挑战性的风格。身为5型的他，每次表演都会选择国际化的黑色与白色，枪驳领的经典款式，搭配创意风格衬衫，凌乱有序的发型，优美而富有张力的肢体语言，成就了“钢琴顽童”的独特气质。

在参加 MusiCares 活动时，郎朗依然是枪驳领的黑色西装搭配暗红色时尚休闲裤，“顽童”气质再次呈现。生活中，他依然是深色西装搭配彩色裤装。

不随波逐流的5型形象，像他的每一场精彩绝伦的表演一样，不仅征服了中国人的心，也征服了全球人的心。他在不拘一格的形象定位和领袖地位之间做了十分完美的平衡。

5 型人的时尚商务着装法则

时尚商务环境中，简约的经典款式是你的首选，采用对比明快的不同颜色变化让你的风格随时随地散发正能量。

5 型人的个性商务着装法则

个性商务环境中，上下身彩色与黑白色的鲜明对比以及局部装饰品的点缀会尽显你的简约、阳光路线。

旭言旭语

5型人永远让人感觉到活力与正能量，像郎朗一样将它表现到极致，你也会获得极大的成功。

（六）成熟稳重的6型

商务环境中不用做任何转换，严谨、逻辑性强是 6 型的天生优势，任凭潮流如何变化，衣橱中依旧是那几件经典的单品。可以适当运用颜色变化来提高不同领域交往中的型商指数。

6 型型格要素

★ 适合简约明快的对比色彩；

★ 适合经典、传统、保守的款式；

★ 适合经典的条纹及规律排列的图案；

★ 讲究高品质的面料及经典的廓形；

★ 适合传统的发型。

案例：只穿西装的创业导师李开复先生

无论是站在演讲台上，还是面对镜头，他总是西装革履、抬头挺胸，对自我形象的完美要求，让人觉得他仿佛生来就应该站在那里。他就是创业导师，前微软、谷歌全球副总裁李开复先生。

在世界各地的谷歌公司里，员工穿着随意已是尽人皆知，甚至有些员工还穿人字拖去上班。而李开复先生每天穿着深色西装系领带，显得与其他员工不一样。高型商让他清楚地知道，作为高级职业经理人——全球副总裁，自己应该给他人怎样的形象定位。

在杭州浙商论坛，李开复的着装一如他的行事风格那般严谨，尽管炎炎夏日，依然是一袭深色西装搭配鲜艳领带，一幅内敛、随和、谦恭的创业导师形象。

即便是时隔 17 个月之后的全面“复”出，在创新工场与创业者的 Party 上，他仍然穿黑色西装配粉色衬衣，看上去精神饱满、气色红润，完全没有大病初愈的憔悴神态。永远对自我形象的清晰认知和精准定位，成就了今天的创业导师李开复先生。

6型人的时尚商务着装法则

时尚商务环境中，可以选用同色系的蓝色或者紫色等有层次的彩色与深色搭配，体现自己的时尚经典风格。

6 型人的个性商务着装法则

个性商务环境中，蓝色、白色依然是首选，可以用经典休闲的款式和大色块的色彩变化体现自己的个性。

旭言旭语

运用颜色变化提高自己的型商，不盲从，不流俗，像李开复先生一样永远高型商，坚持过后你会发现自己超乎想象。

（七）和蔼可亲的7型

商务环境中，7 型具有天生的亲近感，友好、和善。在保留自我型格的同时，如果能做到改善自己的服饰品质和衣着习惯，你的型商指数会大大提高。

7 型型格要素

★ 适合低调、柔和的对比色彩；

★ 适合简约大气、随性自然的款式；

★ 讲究面料的舒适及品质感；

★ 适合自然梳理的发型。

案例：
一种颜色让你成为低调儒雅的新绅士

汪先生是一位著名的企业家，因场合所需平时很注重衣着。

第一次与他见面是在某企业家酒会上。只见他浑圆的体态，随和的气质，身着当年最流行的白色西装，在人群中显得特别扎眼。得知我是从事形象管理工作，很快我们便聊起来。在经过深入沟通后，我建议他换掉这件白色西装，可选择米色系或灰色系作为两装等外套的主要用色，会让他品位大增。因为他属于九型衣经中的 7 型人，适合低调儒雅的颜色，而且低调儒雅的配色也适合他当前的身份，会令他更具权威性。

7 型人的时尚商务着装法则

时尚商务环境中，适当运用暖色做些点缀及变化衬衣的图案，可以在亲和中增加一些活力。

7 型人的个性商务着装法则

个性商务环境中，大面积运用浅色以及时尚中国风设计元素的服装款式，会令你的风格耳目一新。

旭言旭语

如果能做到改善自己的服饰品质和穿衣习惯，你的型商指数会大大提高。

（八）精致有恒的8型

温文尔雅，事业心强，在职场环境中很受欢迎的一类人。各类淡雅的颜色穿在 8 型人身上令人赏心悦目，迅速提高颜值。

8 型型格要素

★ 适合柔和淡雅的色彩搭配；

★ 适合简约、略带时尚元素的款式；

★ 适合精致感的面料；

★ 适合干净清爽的发型。

案例：
吴晓波对话陈道明：“不将就”是一种生活态度

上海博朗活动现场，展开了一场“不将就”的人生态度对话。中国最出色的财经作家吴晓波先生和著名实力派演员陈道明先生是本次活动的主角。同为 8 型的他们虽然职业天壤之别，但都属于精致“不将就”的类型，就“不将就”这一生活态度侃侃而谈，并且有着诸多相同的观点。

两人身材都倾向于高瘦，气质清秀、儒雅谦逊、知识渊博、才华横溢、讲究细节。在活动中，两人的服装都选择了经典的黑白灰组合，两人身着几乎相同的高品质尖领白衬衫，吴晓波选择搭配黑裤子，而陈道明选择搭配黑色西装灰色裤子。没有任何其他色彩的充斥，干干净净，清秀而雅致。

8型人的时尚商务着装法则

时尚商务环境中，大面积运用淡雅明亮的彩色搭配中性色系，细小精致的图案都是你凸显个性的首选。

8型人的个性商务着装法则

个性商务环境中，无论是凸显精致细节的款式，还是淡雅彩色的裤装，都是你凸显个性的不错方案。

旭言旭语

“魔鬼”常常藏在细节中，当别人见到这些的时候，一般不会有人告诉你，但是他们会看在眼里，记在心上。

（九）清新文雅的9型

永远年轻感的 9 型，在商务环境中，需要思考如何将品位变成生产力？通过加深色彩对比的程度，让将内心喜欢的图案做减法，以提高型商指数，获得周围人对自己能力的认可是 9 型人努力的方向。

9 型型格要素

★ 适合干净、清爽的色彩搭配；

★ 适合精致、注重细节设计的轻时尚款式；

★ 适合小格子、不夸张的小图案；

★ 适合干净的时髦短发。

案例：清新文雅的钟汉良迷倒“花痴”粉丝

出道多年的9型钟汉良先生，似乎逃过了时间的洗礼，貌似越来越年轻，永远清新的形象被粉丝们称为不老男神。“何以笙箫默”中出演的何以琛更是以暖男气质给观众留下了深刻的印象。

在出席某品牌代言活动时，钟汉良身着经典亮蓝西装搭配白色休闲裤和衬衣，干净清新的造型令人眼前一亮，瞬间迷倒现场大批粉丝，更惹得电脑前与偶像互动的众网友集体“舔屏”花痴，他幽默地表示自己必须是“最帅男演员”。

清新而年轻是9型的先天优势，更是上天赐予他们的不老秘籍。

9 型人的时尚商务着装法则

时尚商务环境中，适合深色与浅色的明快对比或干净的黑白灰都是体现商务感不错的选择。

9 型人的个性商务着装法则

个性商务环境中，突出图案的变化和个性款式的运用是 9 型人提高型商的首选。

旭言旭语

每个人内心都有他的多面性，型商是推动“社会人”多面角色从内到外的成长。

第四章

变形记——秀出你的 Style

一、29 岁的 Jack

嘉宾：Jack

年龄：29 岁

职业：市场部负责人

星座：双子

1. 形象感想

一直想穿出既稳重又不失自我个性的商务风格，而立之年这种感觉越来越强烈。

2. 形象 SWOT 分析

形象密码属于 5 型的 Jack，眼睛里充满了智慧与思考。虽然习惯了穿运动且缺少立体感的黑衣，但仍然掩饰不住他 5 型的活力。

3. Jack 变型的重点

（1）关键词：***信赖、时尚、个性。***

（2）过程详解：作为公司市场推广负责人，首选的服装色系应该是蓝色。蓝色属于商务职场的经典色，会让客户感觉到更多信赖、责任和合作安全。为 Jack 选择天蓝色格子收身西装，搭配同色系蓝色领带，不仅

符合他当下的年龄个性及 5 型的特质，更展现了他作为当代职业经理人的时尚风格。

4. 给 Jack 的形象建议

（1）适合穿有立体感的有型服装，且面料有一定的挺括度，避免松垮的廓形；

（2）适合鲜亮纯正的色彩，比如橙色、蓝色、黄色等，避免一身黑色或者深色松垮无形的服装；

（3）适合横平竖直的几何图案；

（4）适合更具时尚感的利落短发来体现内在活力；

（5）作为市场部负责人，以上形象建议，会增加客户对 Jack 的信赖感。

二、35 岁的 Saladin

嘉宾：Saladin

年龄：35 岁

职业：设计师

星座：射手

1. 形象感想

服装一定要穿出自己的个性。

2. 形象 SWOT 分析

在九型衣经中无论你的型格密码属于哪一型，只要工作生活中与创意有关联的情怀人士，他的副型里多多少少都会有 3 型的影子。设计师形象的最大误区在于过于标榜个性，而忽略他人的感受。

3. Saladin 变型的重点

（1）关键词：***个性、商务。***

（2）过程详解：为设计师配装有很大的挑战性，如何说服他们收敛个性，释放商务是一大难点。这次变型让 Saladin 非常愉快，我们为他选择

变装前形象

变装后形象

了一套只有够范儿才能接受的红绿撞色大格双排扣西装，红色领带和白衬衣。这套配装既能凸显 Saladin 的高度个性，又能体现出他角色的商务范儿。

4. 给 Saladin 的形象建议

（1）大气而不失个性的款式是商务首选；

（2）可以用撞色或鲜明色的同色渐变搭配体现与众不同的设计师范儿；

（3）作为设计部负责人，以上形象建议，会使 Saladin 权威感速提，树立极为吸睛的个人品牌印象。

三、力求完美的商务精英 John

嘉宾：John
年龄：36 岁
职业：创意公司高管
星座：天秤座

1. 形象感想

没想到一套衣服可以让一个人发生翻天覆地的变化。

2. 形象 SWOT 分析

事业有成的 35 岁男士，基本上都到了形象蜕变的分水岭，John 所面临的问题也一样。九型衣经中属于 8、6 混合型的他，衣着应更具品质感，低调不奢华，经典不传统。

3. John 变型的重点

（1）关键词：***商务、年轻、品质。***

（2）过程详解：给 John 的任何一个造型。他都欣然接受，John 是凡事都要求完美的职场“老腊肉”，对衣着的要求近乎苛刻。我们既考虑要满足他的穿着舒适性，又要体现出他身份的角色感。

变装前形象

变装后形象

4. 给 John 的形象建议

（1）重新规划衣橱，树立新的商务形象风格；

（2）深蓝色、黑色、深灰等色彩可以作为商务环境下的主要服装色彩，搭配减龄的浅黄色、浅蓝色及乳白色；

（3）款式风格一定要修身有型，规避运动类、休闲类服装；

（4）身为经历无数风雨的商务精英，以上形象建议，会使 John 更具创意性和权威感。

四、90 后职场新秀 Tony

1．形象感想

90 后，懂点儿职场形象学，会让自己发展得更快！

2．形象 SWOT 分析

90 后是从小穿品牌长大的一个群体，骨子里每个细胞都散发着追求自由自在的个性。如何让 90 后职场新秀穿出稳重感是他们变型的重点。

3．Tony 变型的重点

（1）关键词：***轻时尚、稳重。***

（2）过程详解：九型衣经中属于 9 型的 Tony，我们帮他选择了枪驳领修身西装搭配小方领衬衫，充分体现 90 后职场新秀时尚睿智、积极进取的精神。

变装前形象

变装后形象

4. 给 Tony 的形象建议

（1）扔掉衣橱中的休闲装，换成商务感强的职场新秀单西会加速你成功的进程；

（2）皮肤白皙的 9 型 Tony 适合柔和的彩色搭配米色、咖色、灰色系，成套配装规避深色配深色；

（3）不要穿着夸张的大图案，精致的几何图案是你职场不错的选择；

（4）对新入职场的 Tony 来说，以上形象建议会使他更具稳重感。

第五章

修饰体形

无论你是九型衣经中的哪一型，高、矮、胖、瘦都是你无法回避的现实。如何运用正确的方法修饰自己的体形，让它看上去近乎完美、协调。能让别人看到你说“你身材保持得真不错”，这才是选择服装尺寸板型的标准。

一、找对身材，修饰体形

一件适合自己的服装，无论款式多么好看，它首先要能修饰你的体形。无论你的体形是高的、矮的、胖的还是瘦的。

在多年工作中，我将中国商务男士的体形可大致分为三类，分别是苹果形、黄瓜形和鸭梨形。

苹果体形是肚子部位较发福的一类男士；黄瓜体形是肩腰胯部位比例匀称，看起来较为偏瘦的一类体形；鸭梨体形是肩部较宽、胸肌较为发达的倒梯形体形。

你，属于哪一种？对号入座，选对你的体形，找对修饰体形的黄金法则吧。

（1）服装款式简洁少装饰；

（2）内外、上下的颜色搭配加大对比；

（3）黄金 V 区要提亮；

（4）直筒裤好于小脚裤。

（二）黄瓜体形黄金穿搭法则

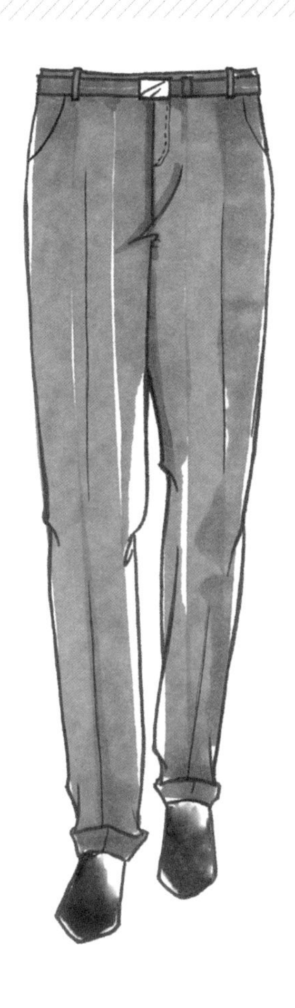

（1）服装尺寸别紧绷，利落修身最适合；

（2）细条纹图案好于宽条纹；

（3）外套板型忌短、瘦；

（4）鞋、裤颜色需近似。

（三）鸭梨体形黄金穿搭法则

（1）减少腰部以上装饰；

（2）V 领好于高领；

（3）宽领好于窄领；

（4）翻领好于立领；

（5）条纹图案好于格子。

二、穿对尺寸，修饰体形

穿经典商务装是中国男士们的软肋。包括一些大佬级企业家，在参加一些国际活动时，西装、衬衣常常会穿出“笑话”，其中一个很重要的原因在于服装尺寸不合体。

一件不合体的服装会让人感觉品质低下，但你也千万不要甩手把这件专业的事儿交给那些服装销售人员，因为没有多少人对你的形象关心超过他的销售业绩，他们永远有办法来说服你如何购买一件完全不合适自己的服装。

花一点时间读完下面的内容，让自己的服装合体起来吧。

（一）西装

如何挑选一件适合自己身材的西装，以下是我的几点建议。

（1）穿上后，背部笔挺且有明显的腰身设计；

（2）衣领能平贴于你的脖颈，没有任何皱褶、空隙或起翘现象；

（3）衣服长度正好位于臀部弧线内收之处；

（4）手臂下垂时，西装袖子不能有横向或者斜的褶皱；

（5）扣子扣好后，西装和身体间保持一拳的距离；

（6）当你无法在商场买到满意的尺寸时，可咨询你的形象顾问定制完全符合你体形的西装。

（二）裤子

（1）腰部臀部帖服舒适，没有紧绷感，没有多余的空隙；

（2）有插袋的裤子要保持插袋部平伏不出现豁口；

（3）肚子较大的男士适合穿前片带 1 ~ 2 个裤裥的裤子；

（4）经典裤型的长度是你站直后距离地面 1.5cm 的位置；

（5）窄角翻边裤的长度是你站直后脚裸上下的位置。（根据你的上衣时尚度确定，裤长越短越潮流）

（6）宽角翻边裤的长度是你站直后距离地面 1.5cm 上下的位置，要确保裤脚垂直到鞋面上。

（三）衬衣

（1）领口扣好后，在颈部和领口间保持一根手指的距离；

（2）领口高于西装 / 外套领口 1.5cm；

（3）衬衣袖长需长出西装袖长 1.5cm；

（4）短袖衬衣不可与正式西装搭配；

（5）可根据本书中第三章七大衣橱单品的标准来选择适合自己的衬衣，每个品牌的尺码标准不同，在购买衬衣时建议先试穿。

（四）领带

（1）要与衬衣或外套颜色保持搭配的一致性；

（2）真丝类经典商务风格的领带结一定要紧贴衬衣领口，领结饱满而对称；

（3）经典商务风格的领带长度在腰带中间；

（4）针织类休闲风格的领带可根据配装师建议搭配。

第六章

Q&A 型商“急诊室”

不管是在职场，还是在生活中，几乎每个人都会遇到如何提高自己型商的个性化问题，在你即将读完本书时，我想你如同我课程现场的朋友们一样，也会遇到类似针对自身的个性问题。希望通过“Q&A型商急诊室”能解除你的部分疑惑。如果你想获得更多指导和提升，也可以参加我们的在线辅导、线下活动。

Q 粉丝：经常看一些时尚杂志上的服装搭配照片，但还是不知道自己应该怎么穿。

A 张旭华老师：平面的服装搭配图片和穿在身上立体的效果是完全不一样的。通常杂志上的图片要考虑视觉色彩组合的冲击力，而我们生活中每个人更多的是考虑个人风格及实用性。这就是虽然看到图片好看，而穿着时却不能满足你的原因。

Q 粉丝：我是 1 型，为什么每次拜访客户，我的形象都无法让我感到自信？

A 张旭华老师：除非你是明星，大部分 1 型人，在拜访客户时，我不推荐穿牛仔裤和 T 恤，这样会让你看起来没有任何权威性。建议你穿着偏向于经典的外套、搭配条纹或者纯彩色衬衣，改变客户对你的印象。

Q 粉丝：为什么去买品牌衣服很难发现适合自己的？

A 张旭华老师：首先要清晰认知自己在九型衣经中的类型，然后根据自己的类型，去选同风格的品牌就比较容易买到。

Q 粉丝：为什么销售人员给我推荐了一件很流行的款式，结果买回去只穿过一次就不愿意穿了？

A 张旭华老师：他推荐的不是适合你的类型，如果你很清楚自己在九型衣经中属于哪一型，你就会自信地拒绝他的推荐了。

Q 粉丝：在型商类型测试后，有几个型我都喜欢，为什么？

A 张旭华老师：每个人根据穿着的环境都会变换不同风格，但是你骨子里的根本型格是不变的，找准你的主型、副型、辅助型，你就能轻松驾驭自己各种着装的需求。

Q 粉丝：我从事传统行业，特别喜欢这几年流行的新鲜颜色，请问能穿吗？

A 张旭华老师：从事传统行业一般不适合穿太新鲜的颜色，但是可以穿浅淡一些的彩色。

Q 粉丝：我 40 岁了，能穿得特别潮流吗？

A 张旭华老师：你先从自己内心可以接受的一些流行元素穿起，不过一定要遵循九型衣经中的造型法则，否则会穿着洋装出洋相，给大家留下笑柄。

附录

张旭华金句

1. 如果你的样子看起来像身份证上的照片，最好不要去见你的客户。
2. 不要让衣服穿你，而是你穿衣服。
3. 衣服如果不能提升你的气场，再贵也是垃圾！
4. 形象，往往是客户最关心，而你最忽视的东西。
5. 男人的衣柜，女人的品位。
6. 把 1 万元的衣服穿成 1 百元的感觉，叫土豪；把 1 百元的衣服穿成 1 万元的感觉，叫品位。
7. 每个人都要掌握自己的形象密码，除非你是 UFO。
8. 分分钟都是机会的世界，请随时随地保持你的独特形象。
9. 如果你是一个聪明的人，就应该懂得如何用衣着取悦客户。
10. 一件衬衣可以让客户改变对你的态度！
11. 不懂风格的人，不要谈品位。
12. 女人是男人形象的设计师和毁灭专家。
13. 穿衣不是为了漂亮，而是要加速你的成功。
14. 型商、智商、情商、财商、逆商，成功因素一个也不能缺。
15. 形象不一定是最赚钱的投资，但它一定是最具眼光的投资。
16. 能力、性格、型商是成功领导者的三个标志。
17. 有钱不一定有品位。
18. 高型商，能让你在各种场合左右逢源。
19. 男人的世界里不止领带，牛仔裤也商务。
20. 衣着是没有国界的社交语言。